中国敏捷软件开发联盟ADBOK编写组　编著

敏捷开发知识体系

清华大学出版社
北京

内容简介

本书面向敏捷实践者学习敏捷知识和敏捷软件开发企业进行敏捷转型的需要，旨在帮助个人更快地掌握敏捷开发知识，帮助企业更好地实施敏捷转型。主要内容包括：敏捷开发的哲学理念、价值观、敏捷开发方法框架和敏捷实践，企业敏捷转型参考框架，帮助企业回答为什么要进行敏捷转型，敏捷转型包含哪些内容和如何开展敏捷转型等问题。

图书在版编目(CIP)数据

敏捷开发知识体系/中国敏捷软件开发联盟 ADBOK 编写组编著.--北京：清华大学出版社，2013.6 (2023.8 重印)

ISBN 978-7-302-31573-5

Ⅰ.①敏… Ⅱ.①中… Ⅲ.①软件开发 Ⅳ.①TP311.52

中国版本图书馆 CIP 数据核字(2013)第 092090 号

责任编辑：高买花
封面设计：傅瑞学
责任校对：焦丽丽
责任印制：宋 林

出版发行：清华大学出版社
网 址：http://www.tup.com.cn，http://www.wqbook.com
地 址：北京清华大学学研大厦 A 座　　**邮 编**：100084
社 总 机：010-83470000　　**邮 购**：010-62786544
投稿与读者服务：010-62776969，c-service@tup.tsinghua.edu.cn
质量反馈：010-62772015，zhiliang@tup.tsinghua.edu.cn
课件下载：http://www.tup.com.cn，010-62795954
印 装 者：三河市春园印刷有限公司
经 销：全国新华书店
开 本：185mm×230mm　　**印 张**：10.5　　**字 数**：226 千字
版 次：2013 年 6 月第 1 版　　**印 次**：2023 年 8 月第 3 次印刷
印 数 3501～4150
定 价：29.50 元

产品编号：048531-01

编委名单

序言

PREFACE

提到敏捷，人们想到的不是大套理论，而是一个个简洁有效的成功实践，可以说实践是敏捷的本质之一。不仅要学习国际上成功的敏捷实践，更要采集国内企业成功案例，这是中国敏捷联盟存在的重要价值，这也是来源于联盟对国内敏捷发展状况的判断：当前正处于为什么做和怎么做敏捷实践的过渡时期，问为什么要敏捷和问怎么做敏捷的人并存。所幸，经过近几年敏捷运动发展，国内一批应用敏捷的先行企业，已经有了不少实践经验，而且很多取得了明显的成效。把这些实践采集和编辑成册，将有助于回答很多疑问：

敏捷适用于哪些场景？敏捷能用于大型软件的交付吗？

敏捷有哪些主流实践？

敏捷实施需要的文化、制度和人才基础我们目前具备吗？

有了 CMMI 和项目管理，还需要敏捷吗？

实施敏捷真正有效果吗？

在这个时候，我们推出"中国敏捷软件开发成功实践案例集"，并以此为基础，提炼其中的共性方法，制定《敏捷软件开发知识体系》(ADBOK)，无疑具有很大的积极意义。

成果的取得，离不开团队的协作，我很高兴向读者介绍这个精英团队：工作组长宁德军(IBM Rational 大中国区 CTO)、工作组副组长张忠(用友股份研发总经理)、工作组副组长李春林(东软集团过程改善中心副主任)，还有二十多位很棒的成员(具体名单参见编委名单)，项目进行过程中，处处彰显出大家对敏捷的挚爱、对专业的热情、对行业工作的社会责任感，这些年轻的从业者所体现的精神，正是我们整个软件行业生机勃勃、精彩纷呈的原因。

也许，这些工作还有这样那样的不足，但是毕竟我们已经上路——不仅学习国际社区，而且通过自身的实践创新回馈国际社区。

我也借此机会，代表协会真诚欢迎各路精英参与到联盟平台上，共同精化和演进这些成果，推动中国敏捷软件开发运动快速前进，实现我们"以过程改进之能，助企业发展之力"的共同目标。

中国敏捷软件开发联盟秘书长　王钧

2013 年 4 月

编者序

PREFACE

6年前在上海举办的首届世界游戏开发者大会(GDC 2007),使我第一次真正领略到了敏捷开发的魅力,数百个来自不同国家、讲不同语言的开发者围绕着游戏开发团队如何进行敏捷开发的主题展开热烈讨论,几场敏捷相关的演讲也场场爆满。通过那次的敏捷开发洗礼,骨子里流淌着软件工程思维的我开始对敏捷开发产生了浓厚的兴趣,上网浏览各种敏捷知识、阅读各种敏捷书籍,从XP、Scrum到OpenUP、精益开发,然而有一段时间我却有些迷失了……,太多的敏捷流派,太多的敏捷实践,我甚至不知道何为真正的敏捷!

后来,带着许多迷茫,我参加了敏捷教练的培训。从各种敏捷的基本知识,到Scrum Master的高级进阶,再到各种敏捷转型实战分享,我完成了一次非常系统的敏捷修炼之旅。通过和老师还有其他敏捷教练的交流,自己似乎有了豁然开朗的感觉!正是从那时起,我就有了编写敏捷开发知识体系的冲动,因为我知道并不是所有的人都像我一样幸运,有如此系统的培训机会;我还知道会有越来越多的人步入敏捷的殿堂努力学习和感悟着敏捷。此外,我大部分时间的工作,就是帮助大型软件开发团队提高软件交付效率和质量。谈到敏捷,我被企业开发管理者们问得最多的两个问题就是我们的团队适合敏捷吗?敏捷转型需要哪些准备?

作为软件工程和敏捷开发的爱好者,我们能够做的和应该做的,不正是联合敏捷领域的爱好者和志愿者,尽快推出中国的敏捷开发知识体系,以便帮助更多的朋友能够更快掌握敏捷开发知识,完成敏捷开发的学习和思考过程;帮助企业能够更好地实施敏捷转型,并从敏捷转型中不断获取价值。

因此本书的主要内容包括以下两个部分:

(1) 敏捷开发知识体系,包括敏捷开发的哲学理念、价值观、一系列敏捷开发方法框架和敏捷实践,目标是帮助喜欢敏捷的软件从业人员,更快地全面掌握敏捷开发相关知识。

(2) 企业敏捷转型参考框架,主要帮助企业回答为什么要进行敏捷转型,敏捷转型包含哪些内容和如何开展敏捷转型等问题,目标是帮助企业更快、更好地实施敏捷转型。

本书的主要目的,就是为了满足爱好敏捷开发的个人学习敏捷知识的要求,满足企业进行敏捷转型的需要,从而帮助个体更快地掌握敏捷开发知识,帮助企业更好实施敏捷转型。今天的成绩,只是一个起点,真心希望有越来越多的朋友加入到我们的行列,不断完善敏捷开发知识体系，不断提出您的建议和反馈，分享您的理解和思考！路漫漫其修远兮，吾将上下而求索，人生有涯，智慧无限！

在此，我要感谢所有为本书播洒汗水的朋友：李春林、张忠、张克强、钱岭、廖靖斌、龙广宇、高航、邢雷、束文辉、袁斌、叶臻、董恒、庞建荣、姚冬、许舟平、许江渝、李晓炜、王庆付、吴文龙、王立杰、陈志波、刘德意、刘曙光、黄方、张传波、黄晓倩、赵静、廖钰、轻眉、刘嘉、刘江、程秋雯、黄群、管业�和杨帆。

感谢周伯生教授、刘琴教授、陈忠教授、何新贵教授、杨芙清教授、居德华教授和孙昕、卢旭东、许娓、王亚沙等行业知名专家对本书提出的宝贵意见。

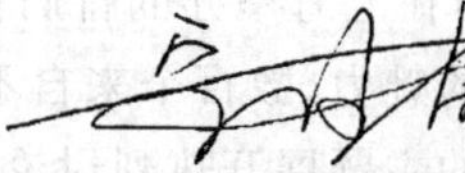

2013 年 5 月

目 录

CONTENTS

第1章 敏捷开发知识体系总体框架

敏捷软件开发又称敏捷开发，是一种从20世纪90年代开始逐渐引起广泛关注的一些新型软件开发方法，它基于更紧密的团队协作、持续的用户参与和反馈，能够有效应对快速变化需求、快速交付高质量软件的迭代和增量的新型软件开发方法。敏捷开发更注重软件开发中人的作用，强调个人和团队协作及自组织、通过短迭代快速交付和展示价值、持续的客户参与及反馈和快速响应变化。

敏捷开发是哲学理念、价值观和一系列开发实践的综合。这种哲学理念关注持续的交付价值，推崇让客户满意和软件尽早发布。接受敏捷理念的客户和工程师有着共同的观点：唯一真正重要的工作产品是在合适时间提交给客户的可运行软件。

敏捷开发是一种轻量级的开发方法，它通过一个或多个跨职能的小型团队分多个迭代持续增量的交付价值。敏捷开发通过迭代和快速用户反馈管理不确定性和拥抱变化。

敏捷开发恰当地保留了软件开发过程的基本框架活动：用户沟通、策划、设计构建、交付和评估，但将其缩减到一个推动项目组朝着构建和交付发展的最小任务集。

敏捷开发知识体系整体框架可分为3层：核心价值层、敏捷开发方法框架层和敏捷开发实践层。核心价值层主要包括敏捷宣言和12个原则；敏捷开发方法框架层主要包括各种敏捷开发过程框架，包括XP、Scrum、精益开发和OpenUP等；敏捷开发实践层则主要包括用于指导敏捷开发的各种实践。敏捷开发知识体系层次如图1-1所示。

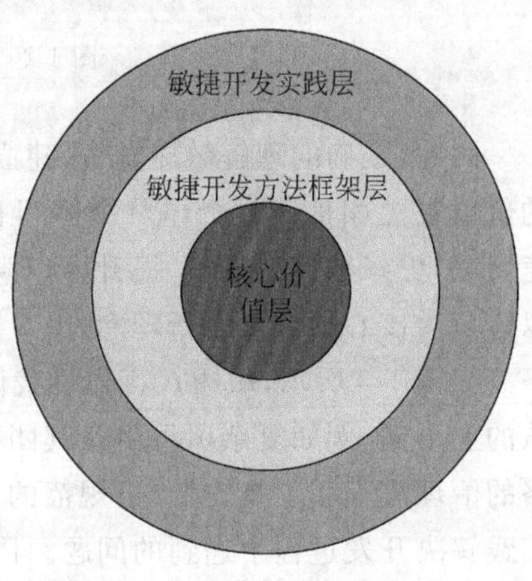

图1-1 敏捷开发知识体系层次

1.1 敏捷开发知识体系的核心

敏捷开发知识体系整体框架如图 1-2 所示。其中，敏捷开发知识体系的核心是敏捷宣言（详细内容参见第 2 章），它们是敏捷开发思想和价值观的集中体现，它直接影响人们的思维模式。

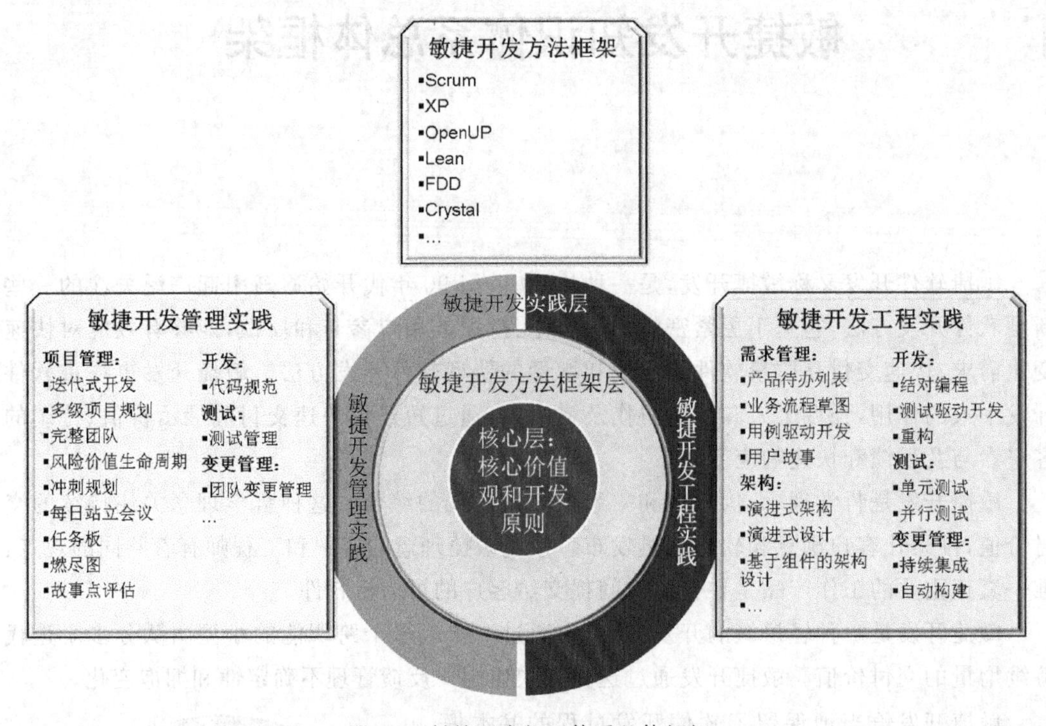

图 1-2　敏捷开发知识体系整体框架

因此，正确的理解敏捷宣言，建立正确的敏捷价值观是成功开展敏捷开发的关键。敏捷的价值观更相信通过个体及个体间有效协作，持续不断地交付价值；通过客户的参与和快速反馈，更好地拥抱变化，提升客户满意度。它充分体现敏捷文化中面向结果、关注价值和以客户为核心的协作创新理念。

如图 1-3 所示，敏捷宣言告诉我们敏捷是一个相对的词汇，具体敏捷程度取决于项目团队的上下文，例如复杂项目由于其团队规模、技术特点和循规要求等，将会要求团队有更严格的治理流程和工具支持、更规范的文档和计划要求，但仍然可以借助敏捷的价值观和各种实践解决开发过程中遇到的问题。因此，在具体的敏捷开发实践中，必须实事求是地采用合适的敏捷实践，以实用主义为指导思想，面向业务结果和价值，切不可为了敏捷而敏捷。

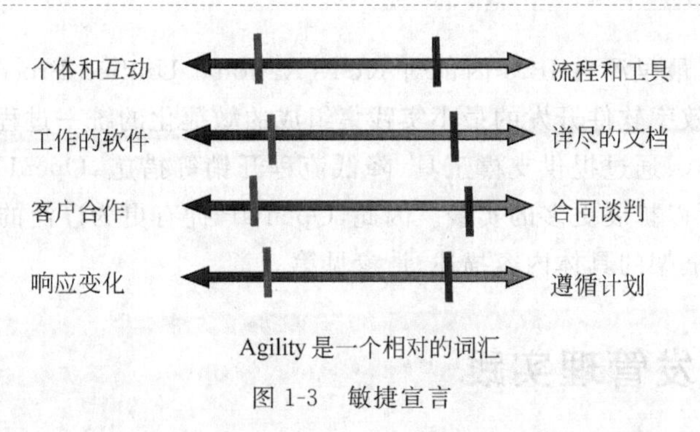

图 1-3　敏捷宣言

1.2　敏捷开发方法框架

随着敏捷开发运动的开展(如图 1-2 所示),敏捷开发领域逐渐发展出各种敏捷开发过程或方法框架,这些敏捷开发过程都可以由它们所强调的 3 个关键假设识别出来,而这 3 个假设可适用于大多数的软件开发项目。

假设 1：项目的需求总是变化的,而提前预测哪些需求是稳定的、哪些需求会变化是非常困难的。同样,管理项目进行过程中客户优先级的变化也很困难。

假设 2：对于很多软件来说,设计和构建是交错进行的。

假设 3：从制定计划的角度来看,软件的分析、设计、构建和测试并不像我们设想的那么容易。

这 3 个假设要求敏捷开发过程一定是预测性的过程,而如何能够做到预测性呢？答案就是敏捷过程的自适应性。也就是说,敏捷开发过程必须具备自适应能力。但原地踏步式的自适应性变化收效甚微,因此,敏捷软件过程必须是增量地适应。为了达到这一目的,敏捷团队需要通过快速交付可运行软件,获取客户的持续反馈。

其中应用最广的敏捷开发方法框架包括如下几种。

(1) Scrum。Scrum 包括一系列实践和预定义角色,是一种灵活的软件管理过程。它提供了一种经验方法,可以帮助你驾驭迭代并实现递增的软件开发过程。这一过程是迅速、有适应性、自组织的,它发现了软件工程的社会意义,使得团队成员能够独立地集中在创造性的协作环境下工作。

(2) 精益开发(Lean)。精益的理念,就是从最终用户的视角上观察生产流程,视任何未产生增值的活动为浪费,并通过持续地消除浪费,实现快速交付、提高质量与控制成本的目标。因此,对于软件开发而言,在开发者或最终用户的视角上观察软件开发过程,并发现和消除无益于快速交付的行为,即为精益的软件开发。

(3) 极限编程(XP)。极限编程是由 Kent Beck 提出的一套针对业务需求和软件开发实践的规则,它的作用在于将二者力量集中在一个共同的目标上,高效并稳妥地推进开发。它力图在客户需求不断变化的前提下,以可持续的步调,采用高响应性的软件开发过程来交付高质量的软件产品。

（4）OpenUP。最早源自IBM内部对RUP（Rational Unified Process）的敏捷化改造，它是由一组适合高效率软件开发的最小实践集组成的敏捷化的统一过程。它的基本出发点是务实、敏捷和协作。通过提供支撑工具、降低流程开销等措施，OpenUP方法既可以按照基本模式使用，也可以扩展更多的实践。因此，OpenUP拥有更为广泛的应用范围。

敏捷开发方法框架的具体内容描述，请参见第3章。

1.3 敏捷开发管理实践

随着敏捷开发方法和技术的快速发展，敏捷的践行者逐渐形成了许多用于指导敏捷团队开展敏捷开发活动的各种实践，他们按使用目的可分为两类：敏捷开发管理实践和敏捷开发工程实践。敏捷开发管理实践泛指用于指导敏捷团队进行敏捷开发的各种管理类最佳实践，业界应用最广的敏捷开发管理实践包括如下。

项目管理：

- 迭代式开发
- 风险价值生命周期
- 多级项目规划
- 完整团队
- 每日站立会议
- 确定冲刺规划
- 任务板
- 燃尽图
- 故事点估算

变更管理：

- 团队变更管理

开发：

- 代码规范

测试：

- 测试管理

1.4 敏捷开发工程实践

敏捷开发工程实践泛指用于指导敏捷团队进行敏捷开发的各种工程实践，业界应用最广的敏捷开发工程实践包括如下。

需求管理：

- 产品待办列表

- 业务流程草图
- 用例驱动开发
- 用户故事

架构：

- 演进式架构
- 演进式设计
- 基于组件的架构

开发：

- 结对编程
- 测试驱动开发
- 重构

测试：

- 单元测试
- 并行测试

变更管理：

- 持续集成
- 自动构建

部分敏捷开发工程实践的具体内容，请参见第4章。

值得注意的是组织实现敏捷实践的过程本身也应该是敏捷的，应该是面向结果、关注价值、以客户为核心的。因此，最终衡量一个团队、一个组织是否更加敏捷的标准，应该是面向结果的，而不是采取了哪些实践。从经济学的角度，敏捷与否是由应对变更的单位成本决定的。无论采用何种实践，如果在实施某个敏捷实践前，应对变更的单位成本是平均10 000元/变更，而实施之后应对变更的单位成本是平均9000元/变更，则可以说这个团队更敏捷了；相反，如果实施之后应对变更的单位成本是平均11 000元/变更，则这个团队变得更加不敏捷了。

在敏捷开发知识体系的其他章节，将具体描述每种敏捷开发管理实践和工程实践，为了方便阅读，将采用统一的方式描述其中具体内容。其中，敏捷开发管理实践描述主要包括以下主要部分。

- 定义和特性说明
- 主要角色
- 主要活动和实践
- 主要输入输出
- 工作流程

而敏捷开发工程实践描述将主要包括以下主要部分。

- 定义和特性说明
- 应用说明
- 案例说明

第2章

敏捷开发核心价值观和原则

2.1 敏捷软件开发宣言

2001年2月,17位在当时被称之为“轻量级方法学家”的软件开发领域领军人物聚集在美国犹他州的滑雪胜地雪鸟(Snowbird)雪场。经过两天的讨论,“敏捷”(Agile)这个词为全体聚会者所接受,用以概括一套全新的软件开发价值观,并通过一份简明扼要的《敏捷宣言》传递给世界,宣告了敏捷开发运动的开始。

敏捷软件开发宣言

我们一直在实践中探寻更好的软件开发方法,
身体力行的同时也帮助他人。由此我们建立了如下价值观:
个体和互动 高于 流程和工具
工作的软件 高于 详尽的文档
客户合作 高于 合同谈判
响应变化 高于 遵循计划
也就是说,尽管右项有其价值,我们更重视左项的价值。[1]

2.2 敏捷开发的核心价值观

敏者,疾也,指对外来的刺激做出迅速、机灵的反应;捷者,獵也,指以最短的路径去追赶和实现目标。敏捷开发的核心理念就是以最简单有效的方式快速地达成目标,并在这个

[1] 引自:敏捷宣言简体中文版官方网站 http://agilemanifesto.org/iso/zhchs/

过程中及时地响应外界的变化，做出迅速的调整。

敏捷开发的第一条价值观就是“以人为本”，强调“个体（人）”及“个体”间的沟通与协作在软件开发过程中的重要性。这个顺序不是偶然而为之的，敏捷开发将重视个体潜能的激发和团队的高效协作作为其所推崇的第一价值观。

敏捷开发的第二条价值观就是“目标导向”。同其他众多管理理论和模型一样，敏捷开发认同目标导向是成功的关键，因为没有目标也就无所谓成功。敏捷开发的价值观中清楚地阐明，软件开发的目标是“可工作的软件”，而不是面面俱到的文档。而遗憾的是，很多软件项目已经在纷繁的文档之中迷失了自己的目标。

敏捷开发的第三条价值观就是“客户为先”。虽然敏捷开发强调的第一价值观是“以人为本”，但敏捷宣言的缔造者们并没有忘记客户，相反他们真正的理解客户的需求、懂得如何与客户合作。敏捷价值观里强调的“客户为先”即不是简单地把客户当作“上帝”、刻板的推崇“客户至上”，客户要求什么、我们就做什么；也不是把客户当作“谈判桌上的对手”甚至“敌人”，去斗智斗勇。敏捷价值观把客户当成了合作者和伙伴，把自己的使命定位为“帮助客户取得竞争优势”。

敏捷开发的第四条价值观就是“拥抱变化”。人们常说“世界上唯一不变的就是变化”，大多数人也相信事实确实如此。而以往很多的软件项目却忽视了这一点，或者更准确地说是他们不愿意“正视”。他们总是试图用详尽的计划去预先穷举这些变化，然后又试图通过严格遵循计划来控制变化的发生，而结果往往是被不断涌现的变化击垮。敏捷开发价值观中承认变化是软件开发的一部分、并相信正是客户在不断变化其需求的过程中明晰了其真正的需要。因而敏捷开发欢迎变化、拥抱变化，并可坦然应对变化，正是这些变化为客户和项目带来了价值。

最后，还应记住敏捷宣言中的最后一句话：**“尽管右项有其价值，我们更重视左项的价值”**——敏捷宣言并未否定或贬损“右项”的价值，在敏捷开发的价值观中承认“流程和工具”、“详尽的文档”、“合同谈判”以及“遵循计划”的重要性，只是两相比较，“更重视左项的价值”。

2.3 敏捷开发的原则

2.3.1 敏捷开发的目标

- 我们最重要的目标，是通过持续不断地及早交付有价值的软件使客户满意。
- 欣然面对需求变化，即使在开发后期也一样。为了客户的竞争优势，敏捷过程掌控变化。
- 经常地交付可工作的软件，相隔几星期或一两个月，倾向于采取较短的周期。
- 业务人员和开发人员必须相互合作，项目中的每一天都不例外。

- 激发个体的斗志，以他们为核心搭建项目。提供所需的环境和支援，辅以信任，从而达成目标。
- 不论团队内外，传递信息效果最好和效率最高的方式是面对面的交谈。
- 可工作的软件是进度的首要度量标准。
- 敏捷过程倡导可持续开发。责任人、开发人员和用户要能够共同维持其步调稳定延续。
- 坚持不懈地追求技术卓越和良好设计，敏捷能力由此增强。
- 以简洁为本，它是极力减少不必要工作量的艺术。
- 最好的架构、需求和设计出自组织团队。
- 团队定期地反思如何能提高成效，并依此调整自身的举止表现。[1]

2.3.2 敏捷开发原则的应用

敏捷开发原则是对敏捷价值观的解释和实践，它将敏捷的价值观落实到具体的可操作的原则之上，遵循这十二条原则，是敏捷软件开发项目得以成功的基石。

这十二条原则囊括了软件项目管理的所有基本流程，而且这些流程足够具体，它告诉我们项目管理的第一步就是要明确目标，而软件项目的终极目标就是“不断地及早交付有价值的软件使客户满意”；它提示我们软件工程的起始点是需求，而需求的固有特征就是不断变化，敏捷开发过程要响应变化；它强调“可工作的软件是进度的首要度量标准”，因而需要以尽可能短的周期“经常地交付可工作的软件”；它重视相关干系人的协调（“业务人员和开发人员必须相互合作”、“责任人、开发人员和用户要能够共同维持其步调稳定延续”），重视激发个人潜能（“激发个体的斗志”），要求团队使用最高效的沟通方式（“面对面的交谈”）；它推崇技术变革所具备的强大能量（“坚持不懈地追求技术卓越和良好设计”）；它强调精益生产（“简洁为本”），要求项目采用自组织团队管理模式，并指出“定期总结反思”是校准团队行为、最终达成目标的有效途径。

敏捷开发团队可以这十二条原则为基础，进一步的细化敏捷项目的管理流程、步骤、方法和工具，以便这些原则能够更好地被团队理解和执行。

---

① 引自：敏捷宣言简体中文版官方网站 http://agilemanifesto.org/iso/zhchs/

第3章 敏捷开发方法框架

3.1 敏捷开发方法框架之 Scrum

3.1.1 定义和特性说明

术语 Scrum 来源于橄榄球运动，在英文中的意思是橄榄球里的争球。在橄榄球比赛中，双方队员肩并肩站在一起紧密相连，当球在他们之间投掷时，他们奋力争球。

Scrum 最早由 Jeff Sutherland 在 1993 年提出，Ken Schwaber 在 1995 年 OOPSLA 会议上形式化了 Scrum 开发过程，并向业界公布。目前 Scrum 是应用最为广泛的敏捷方法之一。

Scrum 是一个敏捷开发框架，是一个增量的、迭代的开发过程。在这个框架中，整个开发周期由若干个短的迭代周期组成，一个短的迭代周期称为一个冲刺，每个冲刺的建议长度是 2～4 周。在 Scrum 中，使用产品待办列表来管理产品的需求，产品待办列表是一个按照商业价值排序的需求列表，列表条目的体现形式通常为用户故事。Scrum 团队总是先开发对客户具有较高价值的需求。在冲刺中，Scrum 团队从产品待办列表中挑选最高优先级的需求进行开发。挑选的需求在冲刺计划会议上经过讨论、分析和估算得到相应的任务列表，则称它为冲刺待办列表。在每个迭代结束时，Scrum 团队将提交当前可交付的产品增量。

1. Scrum 理论基础

Scrum 是以经验过程控制理论作为理论基础，通过迭代、增量的方法来增强产品开发的可预见性，并控制风险。Scrum 经验过程控制理论的实施由三大支柱支撑。

(1) 透明性(Transparency)。透明性是指在软件开发过程的各个环节保持高度的可见性，影响交付成果的各个方面对于参与交付的所有人、管理生产结果的人保持透明。管理生产成果的人不仅要能够看到过程的这些方面，而且必须理解他们看到的内容。也就是说，当某个人在检验一个过程，并确信某一个任务已经完成时，这个完成必须等同于他们对完成的定义。

(2) 检验(Inspection)。开发过程中的各方面必须做到足够频繁地检验，确保能够及时发现过程中的重大偏差。在确定检验频率时，需要考虑到检验会引起所有过程发生变化。当规定的检验频率超出了过程检验所能容许的程度，那么就会出现问题。另一个因素就是检验工作成果人员的技能水平和积极性。

(3) 适应(Adaptation)。如果检验人员检验的时候发现过程中的一个或多个方面不满足验收标准，并且最终产品是不合格的，那么便需要对过程或是产品进行调整。调整工作必须尽快实施，以减少进一步的偏差。

Scrum中通过三个活动进行检验和适应：每日例会检验冲刺目标的进展，做出调整，从而优化次日的工作价值；冲刺评审和计划会议检验发布目标的进展，做出调整，从而优化下一个冲刺的工作价值；冲刺回顾会议是用来回顾已经完成的冲刺，并且确定做出什么样的改善可以使接下来的冲刺更加高效、更加令人满意，并且工作更快乐。

2. Scrum框架主要内容

(1) 角色

- 产品负责人(Product Owner)
- Scrum主管
- 开发团队

(2) 活动

- 冲刺计划会议(Sprint Planning Meeting)
- 每日站立会议(Scrum Daily Meeting)
- 冲刺复审会议(Sprint Review Meeting)
- 冲刺回顾会议(Sprint Retrospective Meeting)

(3) 主要工件

- 产品待办列表(Product Backlog)
- 冲刺待办列表(Sprint Backlog)
- 燃尽图(Burn Down Chart)

下面就从角色、活动和主要工件三个维度对整个Scrum过程进行简要介绍。

3.1.2 主要角色

根据猪和鸡的笑话，可以将Scrum方法中的主要干系人分为两组：猪和鸡。

一天，一头猪和一只鸡在路上散步。鸡看了一下猪说："嗨，我们合伙开一家餐馆怎么样?"猪回头看了一下鸡说："好主意，那你准备给餐馆起什么名字呢?"鸡想了想说："餐馆名字叫火腿和鸡蛋怎么样?”“我不这么认为”。猪说:“我全身投入,而你只是参与而已。”

“猪”角色。是全身投入项目和Scrum过程的人,主要包括代表利益干系人的产品负责人,Scrum主管和开发团队。

(1) 产品负责人(Product Owner)。代表了客户的意愿,这保证Scrum团队在做从业务角度来说正确的事情。同时他又代表项目的全体利益干系人,负责编写用户需求(用户故事),排出优先级,并放入产品待办列表(Product Backlog),从而使项目价值最大化。他利用产品待办列表,督促团队优先开发最具价值的功能,并在其基础上继续开发,将最具价值的开发需求安排在下一个冲刺迭代(Sprint)中完成。他对项目产出的软件系统负责,规划初始的项目总体要求、投资回报率(ROI)目标和发布计划,并为项目赢得驱动力及后续资金。

(2) Scrum主管。负责确保Scrum过程正确实施。Scrum主管的职责是向所有项目参与者讲授Scrum方法和正确的执行规则,确保所有项目相关人员遵守Scrum规则,这些规则形成了Scrum过程。Scrum主管是一个服务式的领导,他的主要工作是排除那些影响团队交付冲刺目标的障碍,屏蔽外界对开发团队的干扰。“Scrum主管是保证Scrum成功的牧羊犬”。

(3) 开发团队。开发团队包含了专业人员,负责在每个冲刺的结尾交付当前可发布的“完成”产品增量。只有开发团队的成员才能创造增量。开发团队由组织构建并授权,来组织和管理他们的工作。所产生的协同工作能最大化开发团队的整体效率和效力。开发团队有以下几个特点:

- 他们是自组织的,没有人(即使是Scrum主管都不可以)告诉开发团队如何把产品待办列表变成潜在可发布的功能。
- 开发团队是跨领域多功能的,团队作为一个整体拥有创造产品增量所需要的全部技能。
- Scrum不认可开发团队成员的头衔,无论承担哪种工作他们都是开发者。此规则无一例外。
- 开发团队中的每个成员可以有特长和专注领域,但是责任归属于整个开发团队。
- 开发团队不包含如系统测试或业务分析等负责特定领域的子团队。

“鸡”角色。并不是实际Scrum过程的一部分,但是必须考虑他们。敏捷方法的一个重要方面是使得用户和利益干系人参与每一个冲刺的计划和评审,并提供反馈。

(1) 用户。软件是为了某些人而创建!就像“假如森林里有一棵树倒下了,但没有人听到,那么它算发出了声音吗”?“假如软件没有被使用,那么它算是被开发出来了么”?

(2) 利益干系人(客户,提供商)。影响项目成功的人,但只直接参与冲刺评审过程。

(3) 经理。为产品开发团体架起环境的那个人。

Scrum方法中的主要角色如图3-1所示。

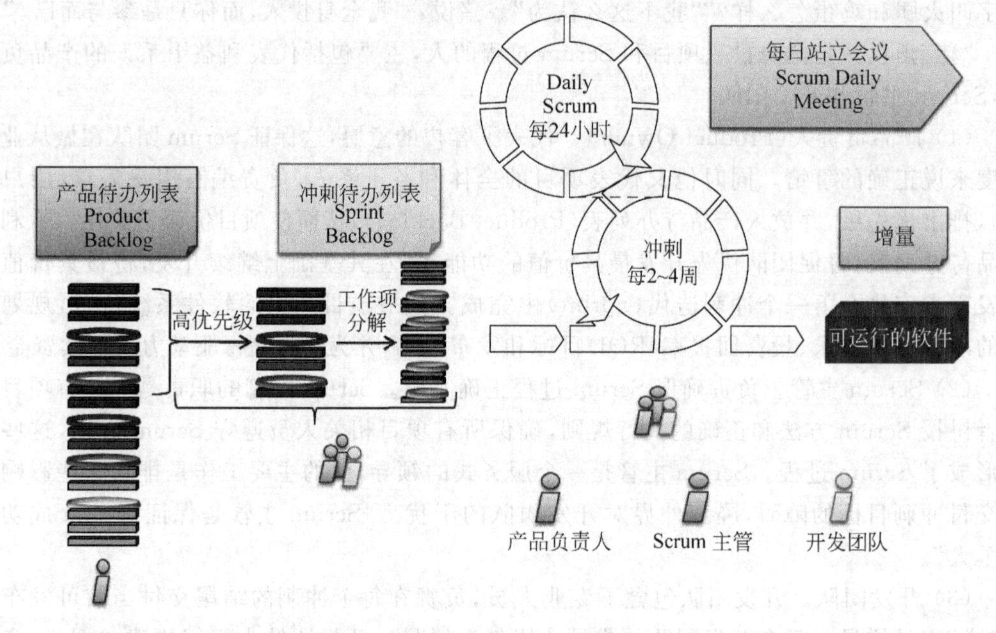

图 3-1 Scrum 方法中的主要角色

3.1.3 主要活动和实践

Scrum 作为软件开发过程框架，它包含的主要最佳实践包括以下几个方面，如图 3-2 所示。

(1) 冲刺计划会议

冲刺中要完成的工作会在冲刺计划会议中计划。这份计划是由整个 Scrum 团队共同协作完成的。

对于周期为一个月的冲刺，计划会议的时间盒限定为 8 小时。对于较短的冲刺，根据冲刺的长度，按比例缩小会议的时间。比如两周的冲刺对应 4 小时的冲刺计划会议。

冲刺计划会议分为两部分，每一部分都占用冲刺计划会议时间盒长度的一半。两部分的计划会议分别回答以下两个问题：

- 这个冲刺中将交付什么增量结果？
- 要交付增量需要完成什么样的工作？

第一部分：这个冲刺要做什么？

在这一部分中，开发团队预计这个冲刺中将要开发的功能。产品负责人向开发团队呈现排列好的产品待办列表条目，然后整个 Scrum 团队共同理解冲刺中的工作。

冲刺会议的输入是：产品待办列表、最新的产品增量、开发团队在这个冲刺中的接受力和以往的表现。开发团队自己决定选择待办事项列表条目的数量，因为只有开发团队可以评估在接下来的冲刺内可以完成什么工作。

在预计这个冲刺中可交付的产品待办列表条目后，Scrum团队会打造一个冲刺目标。冲刺目标是这个冲刺要达到的目的，通过实现产品待办列表来达到。它也为开发团队提供指导，使团队明确构建增量的目的。

第二部分：选出的工作如何完成？

选出冲刺的工作之后，开发团队决定如何在冲刺中把这些功能构建成"完成"的产品增量。这个冲刺中所选出的产品待办列表条目以及交付它们的计划被称为冲刺待办列表。

开发团队通常先由系统设计开始，并设计把产品待办列表转换成可工作的产品增量所需要的工作。工作的大小或预估的工作量可以不同。然而，在冲刺计划会议中，开发团队需要做足够的计划来预计在即将到来的冲刺中所能完成的工作。开发团队所计划的冲刺最初几天的工作必须在会议结束前分解为一天或少于一天的工作量。开发团队自组织地领取冲刺待办列表中的工作，可以在冲刺计划会议中，也可以在冲刺的过程中按需领取。

产品负责人会参加冲刺计划会议的第二部分，对选定的产品待办列表条目做出澄清，并协助团队权衡取舍。如果团队认为工作量过大或太小，就可以和产品负责人重新协商冲刺待办列表条目。开发团队也可以邀请其他所需专业人员参加会议，以寻求技术和领域建议。

冲刺计划会议结束时，开发团队应该能够向产品负责人和Scrum主管解释他们将如何以自组织团队的形式完成冲刺的目标并创造期望的产品增量。

(2) 每日站立会议

每日站立会议是15分钟时间盒的开发团队事件，为的是同步活动并创建下个24小时的计划。这需要检验上个每日站立会议以来的工作和预测下个每日站立会议之前所能完成的工作。

每日站立会议在同一时间，同一地点进行，来降低复杂度。会议上，每个团队成员需要和团队沟通以下三个问题。

- 从上次会议到现在都完成了哪些工作
- 下次每日站立会议之前准备完成什么
- 工作中遇到了哪些障碍

开发团队用每日站立会议来评估完成冲刺目标的进度，并评估完成冲刺待办列表的进度趋势。每日站立会议优化开发团队达成冲刺目标的可能性。开发团队经常在每日站立会议后立即重新计划冲刺中的剩余工作。每天，开发团队应该能够向产品负责人和Scrum主管解释他们将要如何一起工作成为一个自组织团队，来达到目标并在剩余的冲刺中创造期望的产品增量。

Scrum主管确保开发团队每日站立会议如期举行，开发团队自己则负责召开会议。Scrum主管指导团队把会议控制在15分钟的时间盒内。

Scrum主管强制每日站立会议的规则，只有开发团队成员才能发言。每日站立会议不是进度汇报会议，只是为将产品待办列表条目转化成为增量的人（团队）而召开的。

每日站立会议可以增强交流沟通、省略其他会议、确定并排除开发遇到的障碍、强调和提倡快速决策、提高每个成员对项目的认知程度。这是关键的检验和适应的会议。

（3）冲刺评审会议

冲刺评审会议在冲刺的结尾召开，用以检验所交付的产品增量并按需调整产品待办列表。在冲刺评审会议中，Scrum 团队和干系人沟通冲刺中完成了哪些工作。然后，根据完成情况和冲刺期间产品待办列表的变化，与会人员确定接下来的工作。这是一个非正式会议，会议中进行增量演示，以引发反馈并促进合作。

一个月的冲刺通常对应 4 小时时间盒的评审会议。对于时间少于一个月的冲刺来说，会议的长度会根据冲刺的长度按比例缩减。比如，两周的冲刺对应 2 小时的冲刺评审会议。

冲刺评审会议包含以下因素。

- 产品负责人确定哪些工作“完成”了，哪些工作没有“完成”。
- 开发团队讨论在冲刺中哪些工作进展顺利、遇到了什么问题、问题是如何解决的。
- 开发团队演示“完成”的工作并解答关于所交付增量的问题。
- 产品负责人和与会人员按现实情况讨论产品待办列表，并基于当前的进度推测可能的完成日期。
- 整个团体就下一步的工作进行探讨，这样，冲刺评审会议就能为接下来的冲刺计划会议提供了有价值的信息。

（4）冲刺回顾会议

冲刺回顾会议是 Scrum 团队检验自身并创建下一个冲刺改进计划的会议。

冲刺回顾会议发生在冲刺评审会议结束之后和下一个冲刺计划会议之前。对于长度为一个月的冲刺，这是一个 3 小时时间盒的会议。对于较短的冲刺，按比例缩短会议的时间。

冲刺回顾会议的目的如下。

- 对前一个冲刺周期中的人、关系、过程和工具进行检验。
- 识别并排序做得好的和需要潜在改进的主要条目。
- 创建改进 Scrum 团队工作方式的计划。

Scrum 主管鼓励团队在 Scrum 的过程框架内改进开发过程和开发实践，使得他们能在下个冲刺中更高效、更愉快。在每个冲刺回顾会议中，Scrum 团队通过适当调整“完成”的定义，来计划提高产品质量的方法。

在冲刺回顾会议结束时，Scrum 团队应该确定了下一个冲刺中需要实施的改进。在下一个冲刺中实施这些改进是基于 Scrum 团队对自己的检查而做出的适应。虽然改进可以在任何时间执行，冲刺评审会议提供了一个专注于检验和适应的活动。

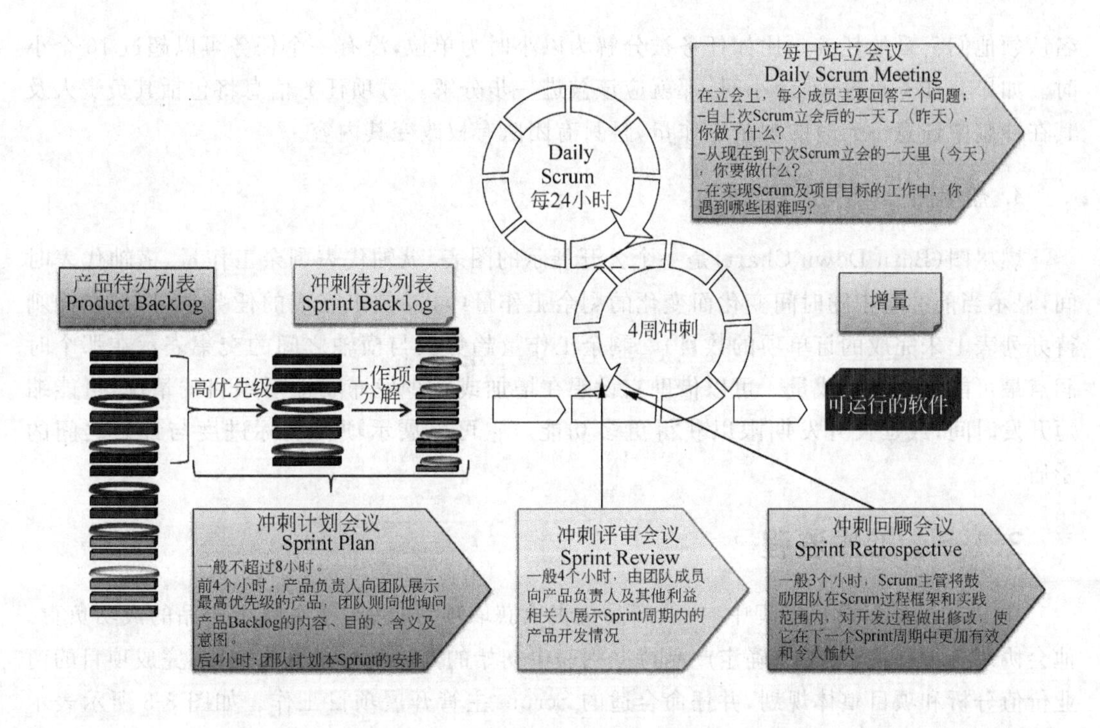

图 3-2 Scrum 方法中的主要活动和交付件

3.1.4 主要工件

1. 产品待办列表

产品待办列表(Product Backlog)是整个项目的概要文档，它包含已划分优先等级的、项目要开发的系统或产品的需求清单，包括功能和非功能性需求及其他假设和约束条件。产品负责人和团队主要按业务的重要程度及其依赖性划分优先等级，并做出估算。估算值的准确度取决于产品待办列表中条目的优先级和细致程度，入选下一个冲刺的最高优先等级条目的估算会非常准确。产品的需求清单是动态的，随着产品及其使用环境的变化而变化，并且只要产品存在，它就随之存在。在整个产品生命周期中，管理层不断确定产品需求或对之做出改变，以保证产品适用性、实用性和竞争性。

2. 冲刺待办列表

冲刺待办列表(Sprint Backlog)是大大细化了的文档，用来界定工作或任务，定义团队在冲刺中的任务清单，这些任务会将当前冲刺选定的产品待办列表转化为完整的产品功能增量。冲刺待办列表在冲刺计划会议中形成，其包含的任务不会被分派，而是由团队成员签名认领他们喜爱的任务。比如任务被分解为以小时为单位,没有一个任务可以超过16个小时。如果有任务超过16个小时,那就应该被进一步分解。每项任务信息将包括其负责人及其在冲刺中任意一天时的剩余工作量,且只有团队有权改变其内容。

3. 燃尽图

燃尽图(Burn Down Chart)是一个公开展示的图表,纵轴代表剩余工作量,横轴代表时间,显示当前冲刺中随时间变化而变化的剩余工作量(可以是未完成的任务数目,或在冲刺待办列表上未完成的订单项的数目)。剩余工作量趋势线与横轴之间的交集表示在那个时间点最可能的工作完成量。可以借助它设想在增加或减少发布功能后项目的情况,可能缩短开发时间,或延长开发期限以获得更多功能。它可以展示项目实际进度与计划之间的矛盾。

3.1.5 工作流程

在Scrum项目管理过程中,一般产品负责人获取项目投资,并对整个产品的成功负责。他会协调各种利益干系人,确定产品待办列表中初始的需求清单及其优先级,完成项目的商业价值分析和项目整体规划,并任命合适的Scrum主管开展项目工作。如图3-3所示表示Scrum方法的全景图。

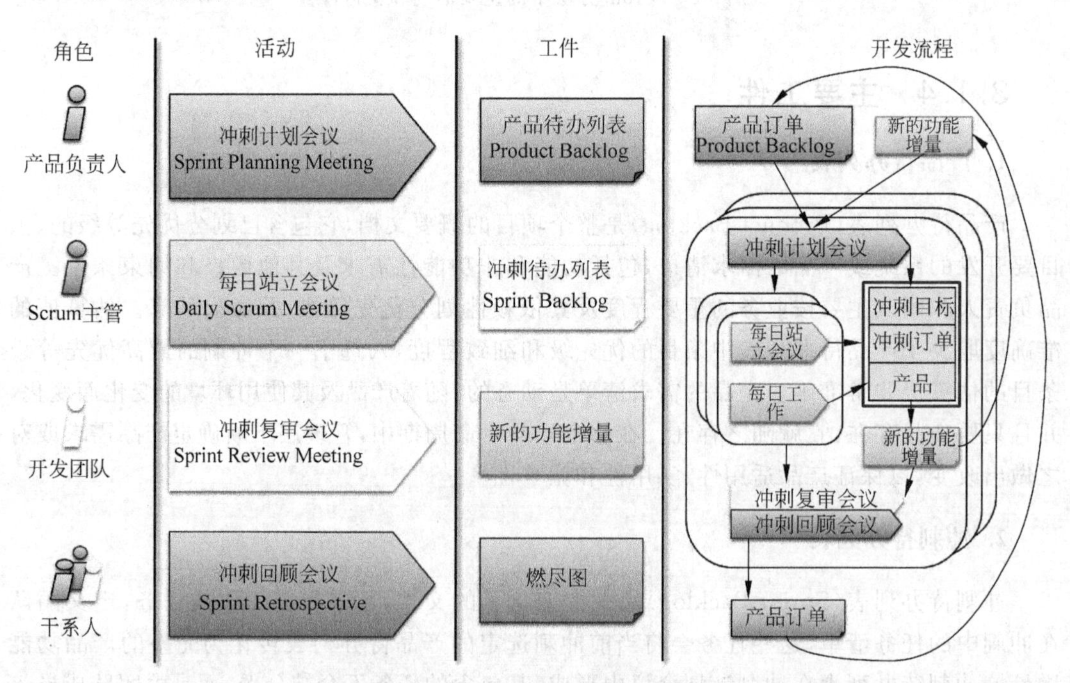

图3-3 Scrum方法全景图

在 Scrum 软件开发项目中，每个冲刺就是较短周期的迭代，通常为2～4周。在每个冲刺开始时，产品负责人和 Scrum 主管基于“多级项目规划”的最佳实践，召开冲刺计划会议，制定冲刺待办列表（类似于迭代计划），明确将在本次冲刺中实现的需求清单，相应的工作任务和负责人。在每个冲刺迭代中，团队强调应用“完整团队”的最佳实践，通过保持可持续发展的工作节奏和每日站立会议，实现团队的自组织、自适应和自管理，高效完成冲刺工作。在每个冲刺结束时，团队都会召开冲刺复审会议，团队成员会在会上分别展示开发出的软件（或其他有价值的产品），并从产品负责人和其他利益干系人那里得到反馈信息。

在冲刺复审会议之后，团队会自觉召开冲刺回顾会议，回顾整个项目过程，讨论哪些方面做得好，哪些方面可以改进，实现软件交付过程的持续、自发的改进。

3.2 敏捷开发方法框架之极限编程（XP）

3.2.1 定义和特性说明

极限编程 XP（eXtreme Programming）是由 Kent Beck 提出的一套针对业务需求实践和软件开发实践的规则，它的作用在于将二者力量集中在共同的目标上，高效并稳妥地推进开发，力求在不断变化的客户需求的前提下，以持续的步调，提供高响应性的软件开发过程及高质量的软件产品。

极限编程提出的一系列实践，旨在于满足开发人员高效的短期开发行为和项目长期利益的共同实现，这一系列实践长期以来被业界广泛认可，实施敏捷的公司通常会全面或者部分采用。

极限编程开发体现如下特征。

- 短周期的开发形式，以支持尽早的、持续的反馈。
- 递增地进行计划编制，总体计划在整个生命周期中是不断发展的。
- 依赖口头交流、团队和客户共同测试代码及产品，不断沟通和进化系统结构及需求。
- 依赖于团队成员间的紧密协作。

极限编程方法的价值观。

- 沟通（Communication）
- 简单（Simplicity）
- 反馈（Feedback）
- 勇气（Courage）
- 尊重（Respect）

极限编程方法的实施原则。

- 快速反馈（Rapid feedback）
- 假设简单（Assuming simplicity）

• 包容变化（Embracing change）

图 3-4 描述 XP 怎样实现反馈。

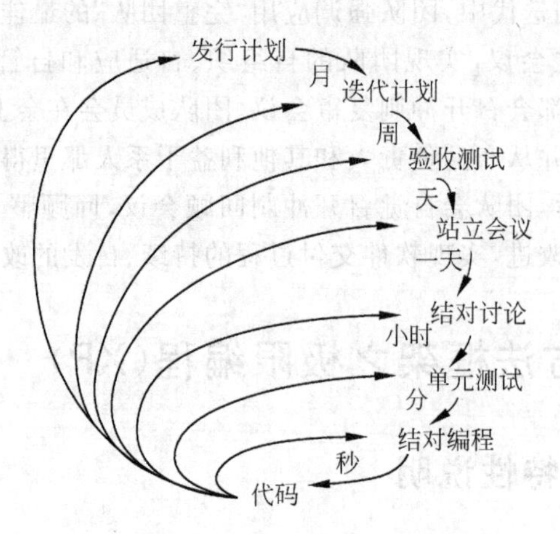

图 3-4 XP 怎样实现反馈

3.2.2 主要角色

极限编程倡导“完整团队”(Whole Team)如下。

(1) 开发人员是项目开发小组中必不可少的成员；小组中可以有测试人员，帮助制订、实施验收测试；有分析员，帮助确定需求。

(2) 这个小组中必须至少有一个人对用户需求非常清晰，能够提出需求、决定各个需求的商业价值(优先级)、根据需求等的变化调整项目计划等。这个人扮演的是“客户”这个角色，当然最好就是实际的最终用户。和所有方法一样，客户是提出需求并最终获得产品的角色。客户方法的特别之处，明确提出希望客户陪伴团队一起工作，随时能够给出需求细节信息支持和反馈意见。

(3) 通常还有一名 Coach(教练)，负责跟踪开发进度、解决开发中遇到的一些问题、推动项目进行；还可以有一个项目经理，负责调配资源、协助项目内外的交流沟通等。

项目小组中有这么多角色，但并不是说，每个人做的工作是别人不能插手或干预的。XP 鼓励每个人尽可能地为项目多做贡献。

3.2.3 主要活动和实践

按照整体团队相关实践(Entire Team Practices)，开发团队相关实践(Development Team Practices)，开发个人相关实践(Developer Practices)3 个层面，XP 提供如下 13 个核心实践，如图 3-5 所示。

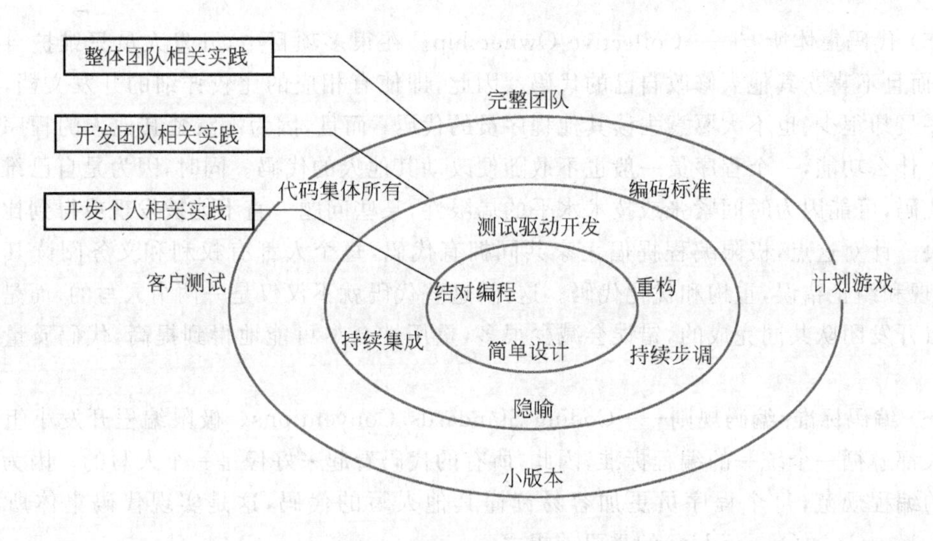

图 3-5 XP 实践

(1) 完整团队(原名：现场客户)——Whole Team(On-Site Customer)。极限编程项目的所有的项目干系人坐在一起。这个团队必须包括一个业务代表——“客户”,提供要求,设置优先事项。如果客户或他的某位助手是真正的最终用户,那是最好的；该小组当然包括开发人员,可能包括测试人员,帮助客户定义客户验收测试；分析师可帮助客户确定需求。通常还有一位教练,帮助团队保持在正确轨道上；可能有一位上层经理,提供资源,处理对外沟通,协调活动。一个极限编程团队中的每个人都可以任何方式做出贡献。最好的团队没有所谓的特殊人物。

(2) 计划游戏——Planning Game。预测在交付日期前可以完成多少工作；现在和下一步该做些什么。不断地回答这两个问题,就是直接服务于如何实施及调整开发过程；与此相比,希望一开始就精确定义整个开发过程要做什么事情以及每件事情要花多少时间,就会事倍功半。针对这两个问题,极限编程中有两个主要的相应过程：“发布计划(Release Planning)”和“迭代计划(Iteration Planning)”。

(3) 小版本发布——Small Release。每个周期开发完成的需求是用户最需要的东西。在极限编程中,每个周期完成时发布的系统,都应该易于用户评估,或者已能够投入实际使用。这样,软件开发不再是看不见摸不着的东西,而是实实在在的价值。极限编程要求频繁地发布软件版本,如果有可能,应每天都发布新版本；而且在完成任何一个改动、整合或者新需求后,就应该立即发布一个新版本。这些版本的一致性和可靠性,靠验收测试和测试驱动开发来保证。

(4) 客户测试——Customer Tests。客户对每个需求都定义了一些验收测试。通过运行验收测试,开发人员和客户可以知道开发出来的软件是否符合要求。极限编程开发人员把这些验收测试看得和单元测试一样重要。为了提高效率,最好能将这些测试过程自动化。

(5) 代码集体所有——Collective Ownership。在很多项目中，开发人员只维护自己的代码，而且不喜欢其他人修改自己的代码。因此，即使有相应的比较详细的开发文档，但一个程序员却很少、也不太愿意去读其他程序员的代码；而且，因为不清楚其他人的程序到底实现了什么功能，一个程序员一般也不敢随便改动其他人的代码。同时，因为是自己维护自己的代码，可能因为时间紧张或技术水平的局限性，某些问题一直不能被发现或得到比较好的解决。针对这点，极限编程提倡大家共同拥有代码，每个人都有权利和义务阅读其他代码，发现和纠正错误，重构和优化代码。这样，这些代码就不仅仅是一两个人写的，而是由整个项目开发团队共同完成的，错误会减少很多，重用性会尽可能地得到提高，代码质量会非常好。

(6) 编码标准/编码规则——Coding Standards/Conventions。极限编程开发小组中的所有人都遵循一个统一的编程标准，因此，所有的代码看起来好像是一个人写的。因为有了统一的编程规范，每个程序员更加容易读懂其他人写的代码，这是实现代码集体所有权(Collective Code Ownership)的重要前提之一。

(7) 可持续的开发速率(又名：40 小时工作)——Sustainable Pace/40-hour Week。极限编程团队处于高效工作状态，并保持一个可以无限期持续下去的步伐。大量的加班意味着原来的计划是不准确的，或者是程序员不清楚自己到底什么时候能完成什么工作，开发管理人员和客户也因此无法准确掌握开发速度，开发人员也会非常疲劳而降低效率及质量。极限编程认为，如果出现大量的加班现象，开发管理人员(比如 Coach)应该和客户一起确定加班的原因，并及时调整项目计划、进度和资源。

(8) 隐喻——Metaphor。为了帮助每个人清楚地理解要完成的客户需求、要开发的系统功能，极限编程开发小组用很多形象的比喻来描述系统或功能模块是怎样工作的。

(9) 持续集成——Continuous Integration/Build。在很多项目中，往往很迟才把各个模块整合在一起，在整合过程中开发人员经常发现很多问题，但不能肯定到底是谁的程序出了问题；而且，只有整合完成后，开发人员才开始稍稍使用整个系统，然后就马上交付给客户验收。对于客户来说，即使这些系统能够通过最终验收测试，但因使用时间短，客户心里并没有多少把握。为了解决这些问题，极限编程提出，整个项目过程中，应该频繁地、尽可能早地整合已经开发完的用户故事(每次整合一个新的用户故事)。每次整合，都要运行相应的单元测试和验收测试，保证符合客户和开发的要求。整合后，就发布一个新的应用系统。这样，整个项目开发过程中，几乎每隔一两天，都会发布一个新系统，有时甚至会一天发布好几个版本。通过这个过程，客户能非常清楚地掌握已经完成的功能和开发进度，并基于这些情况和开发人员进行有效地、及时地交流，以确保项目顺利完成。

(10) 测试驱动开发——Test-Driven Development。测试驱动开发强调在开发的过程中，首先开发测试用例，然后再开发代码，而开发代码的目的或者说目标就是测试通过这些测试用例。该方法通过测试来推动整个开发的进行。这有助于编写简洁可用和高质量的代码，并加速开发过程。因此，从这一角度来看，测试驱动开发不是一种测试技术，它更是一种分析技术、设计技术,一种组织所有开发活动的技术。反馈是 XP 的 4 个基本的价值观之一——在软件开发中,只有通过充分的测试才能获得充分的反馈。由于强调整个开发小组拥有代码,测试也是由大家共同维护的。即向代码库提交代码前,都应该运行一遍所有的测试;使用测试驱动开发方法,可以保证测试基本覆盖全部的客户和开发需求,有效地帮助开发团队获得客户反馈。

极限编程中提出的测试,在其他软件开发方法中都可以见到,比如功能测试、单元测试、系统测试和负载测试等;与众不同的是,极限编程将测试结合到它独特的螺旋式增量型开发过程中,测试随着项目的进展而不断积累。

(11) 重构——Refactoring。极限编程强调简单的设计,但简单的设计并不是没有设计的流水账式的程序,也不是没有结构、缺乏重用性的程序设计。开发人员虽然对每个用户故事都进行简单设计,但同时也在不断地对设计进行改进,这个过程叫设计的重构(Refactoring)。重构主要是努力减少程序和设计中重复出现的部分,增强程序和设计的可重用性,它是以不改变代码外部行为而改进其内部结构的方式来修改软件系统的过程。这个概念并不是极限编程首创的,它已被提出了近 30 年,一直被认为是高质量代码的特点之一。但极限编程强调把重构做到极致,应随时随地尽可能地进行重构,程序员都不应该心疼以前写的程序,而要毫不留情地改进程序。当然每次改动后,都应运行测试程序,保证新系统仍然符合预定的要求。

(12) 简单设计——Simple Design。极限编程要求用最简单的办法实现每个小需求,前提是按照简单设计开发的软件必须通过测试。这些设计只要能满足系统和客户在当下的需求就可以了,不需要任何画蛇添足的设计,而且所有这些设计都将在后续的开发过程中不断地重构和优化。在极限编程中,没有那种传统开发模式中一次性的、针对所有需求的总体设计。在极限编程中,设计过程几乎一直贯穿着整个项目开发,从制订项目的计划,到制订每个迭代周期的计划,到针对每个需求模块的简捷设计,到设计的复核,以及一直不间断的设计重构和优化。整个设计过程是个螺旋式的、不断前进和发展的过程。从这个角度看,极限编程是把设计做到了极致。

(13) 结对编程——Pair Programming。极限编程中,所有的代码都是由两个程序员在同一台机器上一起写的。这保证了所有的代码、设计和单元测试至少被另一个人复核过,代码、设计和测试的质量因此得到提高。表面看起来这是在浪费人力资源,但是各种研究表明事实恰恰相反——这种工作方式极大地提高了工作强度和工作效率。项目开发中,每个人会不断地更换合作编程的伙伴。因此,结对编程不但提高了软件质量,还增强了相互之间的知识交流和更新,增强了相互之间的沟通和理解。这不但有利于个人,也有利于整个项目、开发队伍和公司。从这点看,结对编程不仅仅适用于极限编程,也适用于所有其他的软件开发方法。

尽管每一种实践都可以当作独立技能来学习和运用,但是其相互制约及促进关系,致使综合运用才有望达成最大价值。

3.2.4 主要工件

极限编程开发的主要输出如下。

(1) 用户故事

用户故事描述即将建立的软件需求的输出、特征以及功能。每个用户故事由客户书写并置于一张索引卡上,客户根据对应特征或功能的综合业务价值标明故事的权值(即优先级)。XP团队成员评估每一个故事并给出以开发周数为度量单位的成本。如果某个故事的成本超过了3个开发周,则将请客户把该故事进一步细分,重新赋予权值并计算成本。重要的是应注意到在极限编程的任何时候,客户都可以追加新的用户故事。

(2) CRC(类-责任-协作者)卡片

极限编程鼓励使用CRC卡,作为在面向对象环境中考虑软件的有效机制。CRC卡确定和组织与当前软件增量相关的面向对象的类。CRC卡也是作为极限编程过程部分的唯一的设计工作产品。如果在某个用户故事设计中碰到困难,极限编程推荐立即建立这部分设计的可执行原型,实现并评估设计原型(被称为Spike解决方案),其目的是在真正的实现开始时降低风险,对可能存在设计问题的故事确认其最初的估计。

(3) 发布的产品

极限编程强调小型和增量的发布,强调开发团队和客户的持续和口头的交流,并且并不强调开发过程文档的编写,因此,开发运行的软件产品将是极限编程开发团队最重要的工作产品输出。

3.2.5 工作流程

从需求定义开始,极限编程简化了常规的系统和架构的设计步骤。在极限编程中,编码和设计是并行进行的,而且特别强调测试的重要性。极限编程的工作流程如图3-6所示。

(1) 策划

策划活动(也称为策划游戏)开始于倾听,这是一个需求获取活动,该活动要使极限编程团队成员理解软件的商业背景以及充分感受要求的输出、主要特征和功能。倾听产生一系列用户故事,描述即将建立的软件所需要的输出、特征和功能。每个用户故事由客户书写并置于一张索引卡上,客户根据对应特征或功能的综合业务价值标明故事的权值(即优先级)。极限编程团队成员评估每一个故事并给出以开发周数为度量单位的成本。如果某个故事的成本超过了一个迭代周期,则将请客户把该故事进一步细分,重新赋予权值并计算成本。重要的是应注意到新故事可以在任何时刻书写。

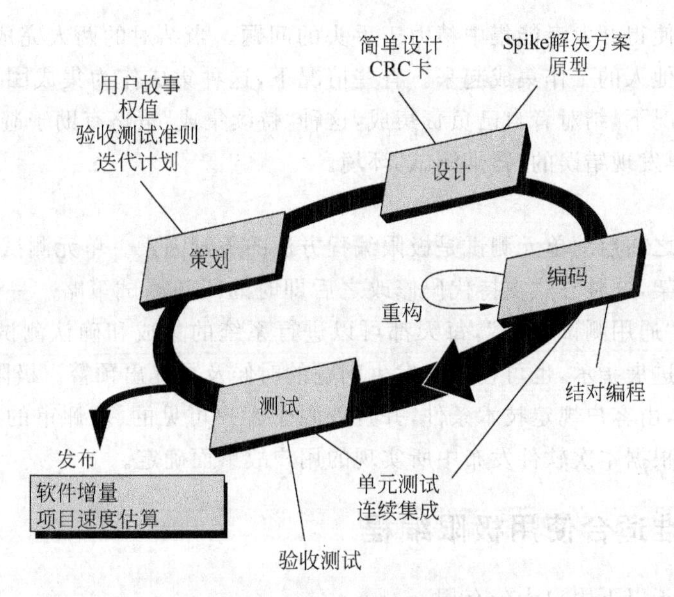

图 3-6 极限编程工作流程

(2) 设计

极限编程设计严格遵循 KIS(Keep It Simple,保持简洁)原则,使用简单而不是复杂的表述。另外,设计为故事提供不多也不少的实现原则,不鼓励额外功能性(因开发者假定以后会用到)设计。极限编程鼓励使用 CRC 卡作为在面向对象环境中考虑软件的有效机制。CRC(类-责任-协作者)卡确定和组织与当前软件增量相关的面向对象的类。CRC 卡也是作为极限编程过程唯一的设计工作产品。如果在某个故事设计中碰到困难,极限编程推荐立即建立这部分设计的可执行原型,实现并评估设计原型(被称为 Spike 解决方案),其目的是在真正地实现开始时降低风险,对可能存在设计问题的故事确认其最初的估计。极限编程鼓励既是构建技术又是设计优化方法的"重构",重构是以不改变代码外部行为而改进其内部结构的方式来修改软件系统的过程。极限编程的中心观念是设计可以在编码开始前后并行进行,重构意味着设计随着系统的构建而连续进行。实际上,构建活动本身将给极限编程团队提供关于如何改进设计的指导。

(3) 编码

极限编程推荐在故事开发和初步设计完成之后,团队不是直接开始编码,而是开发一系列用于检测本次发布的包括所有故事的单元测试用例,一旦建立了单元测试,开发者就更能够集中精力于必须实现的内容以通过单元测试。不需要加任何额外的东西(KIS,保持简洁)。一旦编码完成,就可以立即完成单元测试,从而向开发者提供即时的反馈。极限编程编码活动中的关键概念之一是结对编程。极限编程建议两个人面对同一台计算机共同为一个故事开发代码。这一方案提供了实时解决问题和实时质量保证的机制(在代码写出后及时复审),同时也使得开发者能集中精力于手头的问题。当结对的两人完成工作,他们所开发的代码将与其他人的工作集成起来。有些情况下,这种集成作为集成团队的日常工作实施。还有一些情况下,结对者自己负责集成,这种"持续集成"策略有助于避免兼容性和接口问题,建立能及早发现错误的"冒烟测试"环境。

(4) 测试

在编码开始之前启动单元测试是极限编程方法的关键因素。单元测试应当使用一个可以自动实施的框架,这种方式支持代码修改之后即时的回归测试策略。一旦将个人的单元测试组织到一个"通用测试框架",每天都可以进行系统的集成和确认测试。这可以为 XP 团队提供连续的进展指示,也可在一旦发生问题的时候及早提出预警。极限编程验收测试,也称为客户测试,由客户规定技术条件,并且着眼于客户可见的、可评审的系统级的特征和功能。验收测试根据本次软件发布中所实现的用户故事而确定。

3.2.6 谁适合使用极限编程

极限编程对于以下用户十分有用。

- 项目开发团队成员(开发人员,测试人员,分析人员以及高层经理等)。
- 利益干系人,特别是客户代表。

极限编程提供了整体团队、开发团队以及开发人员 3 个层面丰富的最佳实践,覆盖业务需求分析、设计、编码以及测试等软件开发的各个领域,用于指导开发团队成员的工作。比如开发人员,极限编程提供测试驱动的开发、结对编程、简单设计以及软件重构等方法和实践,指导开发人员顺利的进行编码工作。

- 客户代表,项目干系人。

极限编程强调"现场客户",即持续的客户沟通。极限编程可以帮助项目干系人,特别是客户代表找到操作指导,这些操作指导说明如何和开发团队沟通,包括如何定义用户需求等,以及如何进行系统的业务验收测试,从而保证软件的质量,以及可以从软件开发团队获取到哪些预期的项目成果,以及软件是如何被创建的。

3.3 敏捷开发方法框架之 OpenUP

OpenUP 方法最早源自 IBM 内部对 RUP 的敏捷化改造,通过裁剪掉 RUP 中复杂和可选的部分,IBM 于 2005 年推出了 BUP(Basic Unified Process)和 EPF(Eclipse Process Framework)。此后,为了进一步推动 UP 方法族的发展,IBM 将 BUP 方法捐献给 Eclipse 开源社区,于 2006 年初将 BUP 改名为 OpenUP。此后,在二十多名业界敏捷实践专家的共同努力下,结合大量现有敏捷实践,于 2006 年 9 月发布 EPF 1.0 和 OpenUP 0.9。2007 年中发布 OpenUP 1.0 版本,2011 年 6 月发布了 OpenUP 1.5.1.2 版本。

3.3.1 定义和特性说明

OpenUP是由一组适合高效率软件开发最小实践组成的敏捷化的统一过程。OpenUP方法的基本出发点是务实、敏捷和协作。通过提供支撑工具、降低流程开销等措施，OpenUP方法即可以按照基本模式使用，也可以扩展更多的实践，这样就拥有更为广泛的应用范围。

OpenUP虽然受到Scrum、XP、Eclipse Way、DSDM、AMDD等各种敏捷方法的影响，但是主体仍然是RUP，即在一组被验证的结构化生命周期过程中应用增量研发模式。OpenUP基于用例和场景、风险管理和以架构为中心的模式来驱动开发。

OpenUP中包含了4项基本原则：

- 通过协作来统一认识、均衡各方利益。这项原则的目的在于打造健康的团队环境，激励团队协作并建立项目共识。
- 平衡团队竞争优先级，以最大化利益干系人的价值。此项原则的作用在于允许项目参与人和利益干系人开发一种既最大化利益干系人收益，又符合项目各项约束的方案。
- 在项目早期就重点关注系统体系结构，以降低风险并组织研发。
- 通过持续获得反馈和改进来演进系统。

以上原则的意义在于推动团队通过不断向利益干系人展示收益，而尽早、持续获得反馈。这4项原则均支持敏捷宣言中的对应声明，见表3-1所示。

表3-1 OpenUP 4项基本原则

OpenUP原则	敏捷宣言中的声明
通过协作来统一认识、均衡各方利益	个体和互动 高于 流程和工具
平衡团队竞争优先级，以最大化利益干系人的价值	客户合作 高于 合同谈判
在项目早期就重点关注系统体系结构，以降低风险并组织研发	工作的软件 高于 详尽的文档
通过持续获得反馈和改进来演进系统	响应变化 高于 遵循计划

OpenUP的主要特征如下。

- 四阶段的软件研发：启动、精化、构建、移交。
- 三个领域：利益干系人领域、项目团队领域和个人领域。
- 逐层细化的迭代增量式开发。
- 体系结构设计优先。
- 基于风险价值评估的生命周期。
- 用例驱动。
- 关注结果。

图 3-7 显示了 OpenUP 的总体组织架构图，清晰地反映出上述关键特征。

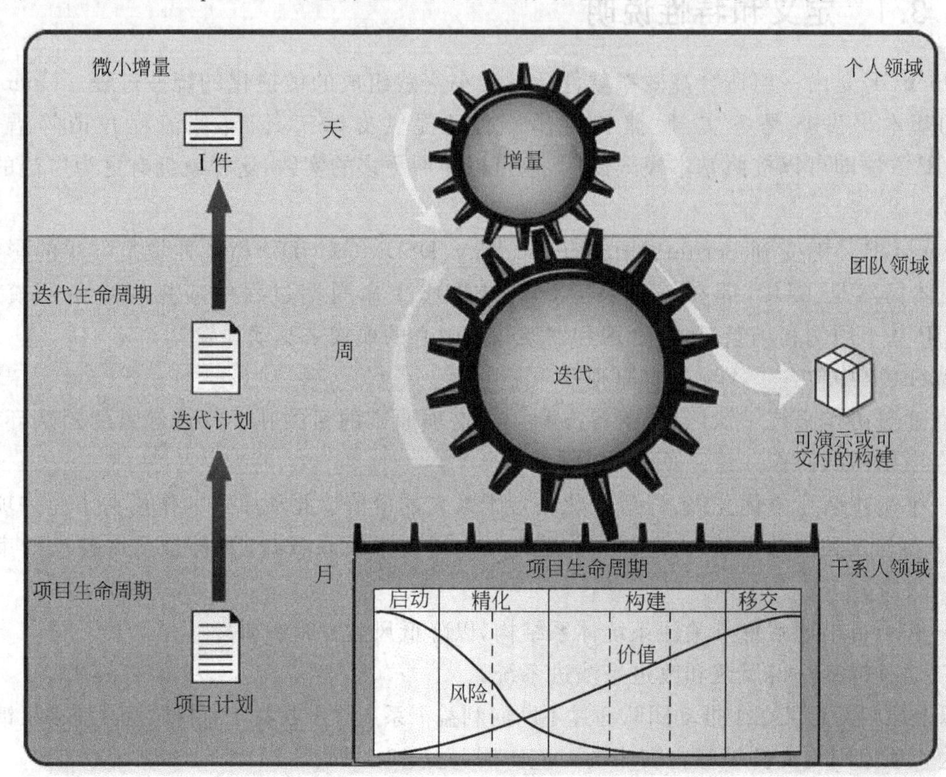

图 3-7 OpenUp 总体组织架构

3.3.2 主要角色

OpenUP 方法中包含了 7 类主要角色，这些角色通常由一个成员少而精的本地团队构成，以便高效地开展工作。

- 利益干系人。代表了产品必须要满足的目标人群，这个角色可以由任何会被产品输出影响到的人担任。
- 分析师。通过从利益干系人处获取输入，分析师代表了客户和最终用户的利益。他们需要理解问题、捕获并设置需求的优先级。
- 架构师。负责设计软件体系结构，包括对关键技术做出选择，这种选择将约束和限制整个项目的设计和实现。
- 项目经理。通过和利益干系人、项目团队的协作，项目经理领导并策划项目的实施。在实施过程中，项目经理还需要和利益干系人持续协调，以保证项目团队专注于项目目标。
- 开发人员。负责系统研发，包括依据架构进行设计、实现、单元测试和组件集成。

- 测试人员。负责核心测试工作，包括确认、定义、实现并执行所需的测试；记录并输出测试结果；对结果进行分析。
- 通用角色。负责完成团队中的通用任务。这个角色可以由任何人担任，完成的通用任务例如评审和审计、提交变更申请、维护版本管理库等。

3.3.3　主要活动和实践

如前所述，OpenUP 方法包含 3 个层次/领域的实践活动，分别是针对利益干系人、项目团队和个人。

(1) 利益干系人领域

利益干系人通过项目生命周期计划来获知产品的进展情况，如图 3-8 所示。项目生命周期计划被分成 4 个阶段，每个阶段都是一个里程碑，在里程碑处重点关注风险和交付的价值。在每个里程碑处都需要进行下列工作：对上一个里程碑的评审、对下一个里程碑的认可，风险识别和规避。

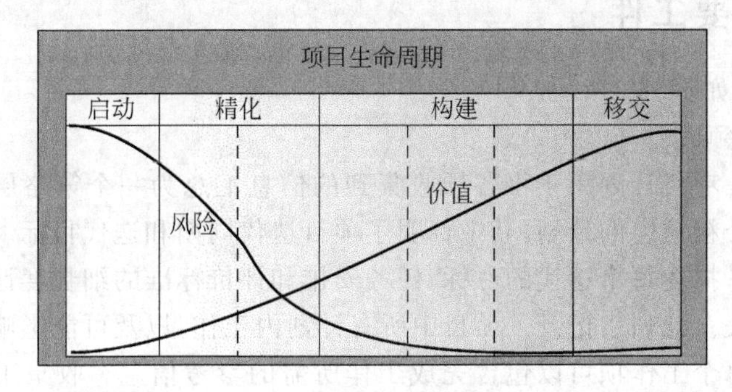

图 3-8　项目生命周期

(2) 项目团队领域

项目团队需要以周为单位完成产品迭代开发。通常以 2～6 周为一个迭代周期，如图 3-9 所示。每个迭代周期起始时需要进行估算并完成迭代计划。通常以输出可演示版本为目标。每个迭代的策划工作通常以小时为单位完成，而不是传统意义以天为单位的估算。同时，需要以天为单位完成本次迭代的架构精化工作。此后进入实际研发，建议在迭代中定期完成每周构建。在迭代结束时完成稳定的迭代交付构建。同时花费少量时间(以小时为单位)完成迭代评审和反思。

(3) 个人领域

个人领域采用被称为微增量的研发模式。一个微增量周期从几个小时到几天不等，通常由一个人或者几个人完成。引入微增量可以将工作分成更为细小、更易于控制的部分。微增量可以是定义愿景、也可以是模块设计、还可以是具体的研发和 Bug 修复工作。通过每日站立会议、团队协作工具，团队成员之间可以分享各自的工作进展和成果，同时也可以演示自己的微增量成果来加深团队沟通与理解。OpenUP 并不明确定义研发中需要哪些微增量,这部分可以结合项目实际情况或者其他模型加以确定。

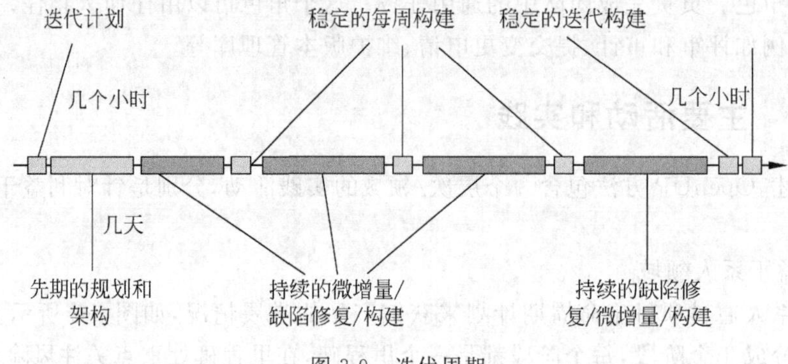

图 3-9　迭代周期

3.3.4　主要工件

按照领域分类如下。

(1) 项目管理领域

- 项目计划。项目计划用于将各项收集到的信息汇总为一个策略层面的计划。这个计划是一个粗粒度的计划,其中标明了项目迭代周期和迭代目标。
- 迭代计划。描述每个迭代的目标、任务安排和评价标准的细粒度计划。
- 工作项列表。此列表记录了项目中所有计划内工作,以及可能影响后续项目产品的工作项。每个工作项可以包含完成工作所需的参考信息。收集工作项信息可以用于后续的工作量估算、进度跟踪。
- 风险列表。一个按照重要性排序列的风险项列表,每个风险项还需记录对应的补救行动和应急方案。此项工作由项目经理负责完成。

(2) 需求领域

- 愿景。定义了从利益干系人角度对技术解决方案的观点。文档中定义了利益干系人需要的关键特性和需求,通过提纲的形式提供系统核心需求。
- 词汇表。定义项目中使用的重要术语,这些术语的集合成为项目词汇表。
- 系统级需求。此项工件记录系统层面的质量需求和功能需求。包括用例中无法描述的运营和服务层面需求、约束设计的质量属性要求和用于选择设计方案的规则。
- 用例模型。用于描述系统的功能和环境,可以看作是系统和客户之间的一个约定。
- 用例。此项内容用于捕获可为客户观察到的系统行为。这是用例模型的细化,由分析师完成。

(3) 架构设计领域

架构设计说明书：此项产品描述了系统架构,以及相关的设计思路、假定、详述和设计决策。

(4) 项目研发领域

- 设计说明书。描述系统功能如何实现,可以看作是源代码的一个抽象。这样其他开发人员无需阅读代码即可理解系统。
- 系统实现。软件源代码文件、数据文件或者其他支持文件(如在线帮助)。这些部分是软件产品的原始数据。
- 开发人员测试。用于核实特定已经实现部分是否符合需求。通常建议采用自动化方式加以测试,也可以采用手工测试或者基于特定技术的测试。
- 构建(Build)。指可以运行的系统,或者具备最终产品部分功能中某个可以运行的子系统。

(5) 测试领域

- 测试用例。一组描述了测试输入、执行条件和期望输出的测试规格说明书。其中每个部分都被用于验证应用场景中的某个特定方面。
- 测试脚本。让测试按步骤执行的工件。既可以是人工执行需要参考的文档化指南手册,也可以是自动执行的程序脚本。
- 测试日志。收集了某个测试、多个测试或者某轮测试运行后的原始输出。

3.3.5 工作流程

OpenUP 将项目生命周期分为 4 个阶段:启动、精化、构建和移交,如图 3-10 所示。项目生命周期为利益干系人和团队成员提供可见度和决策点。这将更有效地进行管理,并且允许在适当的时间做出是否继续的决定。项目计划定义了生命周期,最终结果就是一个可发布的应用程序。

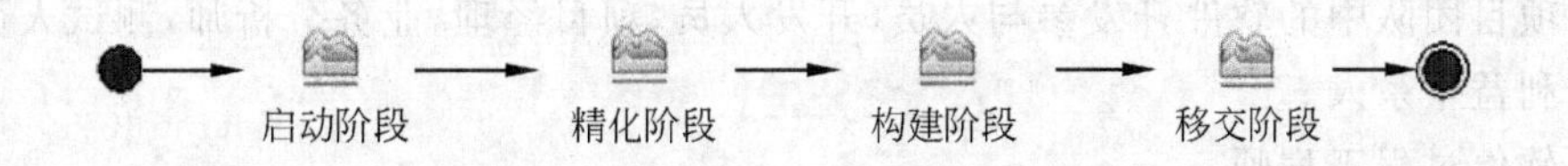

图 3-10 OpenUP 生命周期的 4 个阶段

(1) 启动阶段

如图 3-11 所示,启动阶段的核心任务是完成项目启动、需求制订、技术方案制订和评审,以及项目生命周期计划制定。

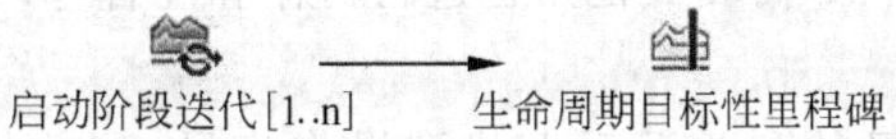

启动阶段迭代[1..n] 生命周期目标性里程碑

图 3-11 启动阶段

(2) 精化阶段

如图 3-12 所示,精化阶段的核心任务是进一步分析需求、设计系统架构、完成增量式开发计划、完成测试方案、完成迭代计划并准备启动等任务。

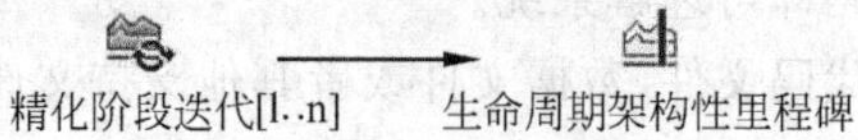

精化阶段迭代[1..n]
生命周期架构性里程碑

图 3-12 精化阶段

(3) 构建阶段

如图 3-13 所示,构建阶段完成系统的研发。核心任务包括完成增量式开发及测试等任务。

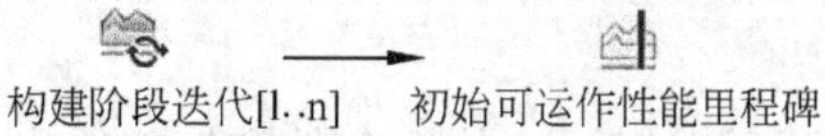

构建阶段迭代[1..n]
初始可运作性能里程碑

图 3-13 构建阶段

(4) 移交阶段

如图 3-14 所示,移交阶段的核心任务是项目交付。核心任务包括确保软件准备就绪,进而交付给用户使用。

移交阶段迭代[1..n]
产品交付里程碑

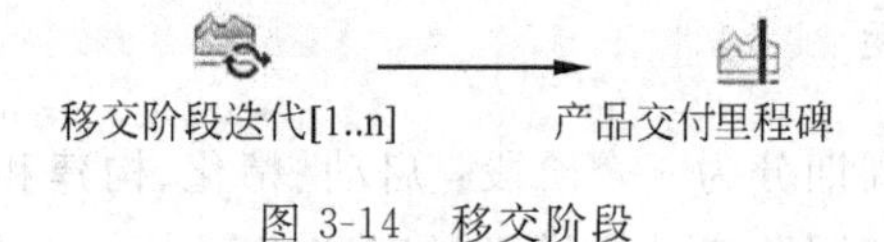

图 3-14 移交阶段

3.3.6 谁适合使用 OpenUP

OpenUP 对于以下 4 种用户十分有用。

- 项目团队中的软件开发参与人员(开发人员,项目经理,业务分析师,测试人员)。
- 利益干系人。
- 软件过程工程师。
- 培训师。

(1) 项目团队中的软件开发参与人员

他们可以从 OpenUP 实践所定义的角色描述中找到各自所需要的操作指导。每种角色都描述了一组该角色负责完成的活动和交付件。OpenUP 同时还提供了角色和角色之间协作的操作指导。这些指导可以帮助团队成员快速了解自己在项目中的所有活动、产生的交付件、应具备的知识技能、如何和其他角色进行协作和配合等。

(2) 利益干系人

OpenUP 可以帮助项目的利益干系人找到操作指导,这些操作指导说明可以从软件开发团队获取到哪些预期的项目成果,以及软件是如何被创建的。OpenUP 同时还描述了利益干系人的职责以及如何以最佳的方式参与到项目中，从而获得满足他们需求的软件产品。

(3) 软件过程工程师

他们可以使用EPF Composer对OpenUP进行修改或者扩展，比如简单的编辑模板，或者为特定的环境（例如为安全性要求高的系统增加审计）增加必须的活动等复杂的修改。除了修改方法的内容外，过程工程师还可以新增、修改或者移除工作流程，为特定的组织裁剪出特定的能力模式（Capability Pattern）。

(4) 培训师

OpenUP同时还适合学校等教育机构。作为开源的流程，OpenUP可以作为软件过程的课程，而且可以结合使用EPF Composer工具传授知识。

3.4 敏捷开发方法框架之精益开发

3.4.1 定义和特性说明

精益思想起源于丰田公司以"低成本、零缺陷、高质量和人性化生产"为特色的丰田生产系统（Toyota Production System，TPS），从20世纪90年代开始被很广泛的研究，其目标是了解客户的价值观，然后充分利用聪明、具有创造力的员工的时间和精力，以较少的努力提供更多的价值，即尽量避免复杂的东西。Mary Poppendieck和Tom Poppendieck根据对丰田精益的理解将精益引入软件开发领域，在敏捷软件开发社区中提出了精益软件开发的理念，通过在敏捷开发会议上的几次演讲，已经形成了被敏捷开发社区所广泛接受的概念。

1. 精益的概念与原则

在精益制造或精益产品中，"精益"被定义为：

"一种系统的方式，通过不断跟进用户对产品的需求和持续的改进，来定位和消除不必要的损耗"[①]。在精益生产中，"精益"体现为一种以最大限度地减少企业生产所占用的资源和降低企业管理和运营成本为主要目标的生产方式，同时它又是一种理念、一种文化。

精益思想有6个原则，它们更像是6个步骤，通过不断循环的过程最终将用户价值带入系统中，甄选排除流程中所有可能的浪费。如图3-15所示，这6个原则分别是：

- 价值。明确客户所期望产品或服务应提供的价值。以实现此价值为目的，审视整个过程中的所有活动，同时帮助识别其中的浪费。
- 价值流图。针对一件产品、一项功能或服务，按时间顺序识别出为实现其价值而进

① 精益制造指南，www.leanmanufacturingguide.com/

行的所有活动，并确定出其中哪些是有价值的，哪些是浪费。

- 流动。消除价值流中的浪费，让有价值的活动一个接一个地流动起来。
- 拉动。确定价值流何时开始流动，因何流动。价值流应由用户的实际需求所拉动。
- 尊重他人。很多传统的开发起源于早期的制造业流程，将具体的工作定义和划分得很清楚，并且只需相对低级的技能要求就可以完成。而敏捷方法则更依赖于流程中个人的能力，并非开始时就定义得非常细致，而是将他们细化到具体的项目、任务和业务环境中去。这就是为什么尊重他人在敏捷环境中是如此重要的原因。

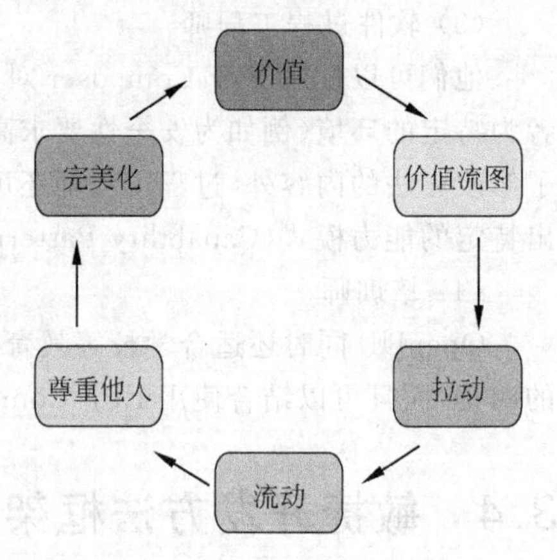

图 3-15　精益 6 原则

- 完美化。由于浪费是被不断发现和具化的，所以价值流中浪费的步骤不可能通过一次改善就得以彻底消除。完美化就是追求在实现客户价值的过程中引入最少的浪费，也即通过更精简的步骤、更短的时间和更少的必需信息来实现客户价值。当实现了一个阶段的目标后，根据当前的价值流状况设定一个新的目标，重新开始流动和拉动的过程，发现和消除更多的浪费，然后不断地持续这一改进过程。

敏捷开发正是借鉴于这样的精益制造，并将其原则应用于软件开发过程。它所引入的，简单说就是检查软件开发过程中的所有步骤，并对每个步骤在整个过程中是否含有价值作出决定性的判断，从而做出对于客户来说是否真正有价值的判断。

2. 精益与敏捷的相互关系

敏捷和精益的相互关系如图 3-16 所示，可以总结为以下几点。

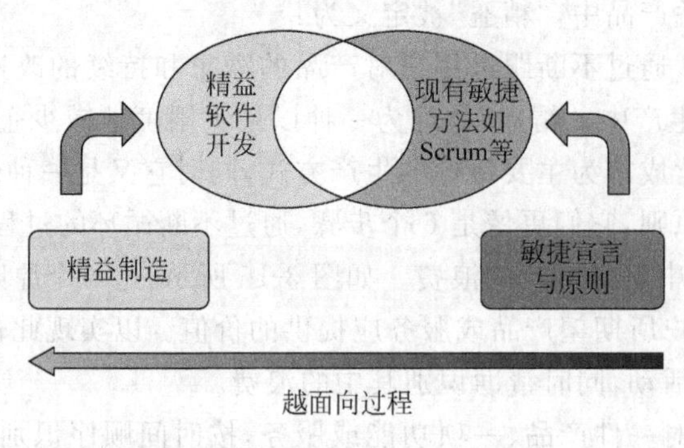

图 3-16　精益与敏捷的关系

(1) 面向过程

精益软件开发相对于绝大多数敏捷方法都要更加的强调面向过程。

- 精益软件开发源于精益制造方法。Mary Poppendieck 和 Tom Poppendieck 花费大量精力，将精益制造方法的原则转换至精益软件开发上来。由于精益制造十分强调面向过程——精益软件开发同样强调面向过程，但它更多是一系列的适用于其他开发过程（如敏捷、迭代、传统方法）的原则。它并没有直接定义流程，但它所强调迭代和适应性的改变流程是软件开发环境中所需要的。
- 传统的方式注重制度而非人的作用，敏捷宣言和原则在某种程度上来说是对严格定义流程方式如瀑布方式的一种变革。宣言中有一句话“个体和互动重于流程和工具”，就是要更强调面向人而不是机械化的流程。现在的敏捷方法，如 Scrum，意识到需要规范一些流程，然而相对于严格定义、机械化的流程，这种流程更依赖于拥有熟练技能和判断能力的团队成员。

(2) 共同原则

如今的敏捷方法和精益软件开发方法都有很多共同的原则，例如：

- 以客户价值为重点。
- 尊重他人并且赋予其相应的权利。
- 强调不断地学习和持续改进。
- 迭代开发的方式。
- 设计项目的质量和完整性。
- 延迟承诺。
- 减少浪费。

(3) 区别

如今的敏捷方法和精益软件开发的区别更多的是在实现方式上，而并非在底层的原则上。因为他们并没有一开始就完全规定好做法，而是提供了很多灵活性，所以在实现方式上必然有很多显著的差别，但是在底层原则的差异则很少。以下几个例子足以说明他们之间的不同。

- 敏捷方法如 Scrum，会在项目中通过回顾会议来做持续的改进，但可能并不强调面向过程，将所学到的经验教训固化到流程模板。而精益软件开发则更强调定义清晰的流程（或一组流程）跨项目使用，并进行持续的改进。
- 精益软件开发的方式可以被应用到迭代甚至是传统的软件开发方法中，所以有时它会被认为是不“敏捷”的。但是在某些情况下，确实需要一个被严格控制、有规定流程来驱动的方式，这样的话，精益软件开发背后的原则可以被用来将其合理化。

另外，Martin Burns 和 Erik Gottesman 也指出了在敏捷和精益方法之间的一些区别。

- “精益的实施者会更倾向于自动化的方法，因为这样他们就可以使之标准化，而标准化又是精益的动力。但是一些敏捷者就会倾向于尽量少用工具，并试图不去建立跨项目的标准化流程”。

- “精益法则更趋向于强调‘刚刚好’的思想。‘在生活的很多方面，会有这样的结果：如果做得过火了，就会变成一种弱点，或称之为物极必反’。在敏捷开发中，这就是一项技术活儿：要拥有始终创造出有价值、美妙事物的动力，但同时伴随着敏捷和精益的，是找到一个平衡点，在这样的平衡点之上，投入的开销再继续做下去也不会创造任何价值，即使是真正提高了质量也是一种浪费。如果对于开发人员来说有一条职业能力进阶的通道，那么第6级就是能意识到‘刚刚好’的那个程度，并且止步于此。”

再次说明的是，以上的这些区别并不代表原则上的不一致——相对于具体实现来说，精益和敏捷在原则上会更具一致性，因为他们对于如何实现都抱着可商量的态度。所以尽管他们在实践的方式上有很大的区别，但在本质和原则上的区别却并没有那么大。

3.4.2 主要角色

精益方式并不强调定义角色，因为它没有直接定义流程，更多的是一系列适用于其他开发过程（如敏捷、迭代、传统方法）的原则。所以，主要的角色可继承于原有的开发过程，但不排除针对以消除浪费为目的适当增加或减少特定角色。

3.4.3 主要活动和实践

如上所述，精益方式更多是一系列的适用于其他开发过程的原则，它并没有直接定义流程，但它所强调迭代和适应性的改变流程是软件开发环境中所需要的。

1. 主要活动

（1）建立顺畅的开发流程。正如上文所述，精益软件开发的宗旨是每时每刻快速的、有效的、可靠的交付价值（Deliver Value Quickly，Effectively，Reliably-Every Time）。其本身并不提供一套完整的方法框架，而是通过在原有框架中经过精益思考、对应精益的原则，按照要求从开发者或最终用户的视角上观察软件开发过程，发现其中无益于快速交付的行为，然后持续改进。

所以实现精益软件开发的核心在于：建立起一套完整的开发流程，然后建立一套测量流程的手段，不断持之以恒的改善流程，不断优化、坚持不懈。

不同的企业因定位不同，对于研发的价值理解也是不一样的，他们的流程和实现流程的工具肯定是不完全一样的。但每个软件开发人员应当向丰田公司的产品开发流程学习和借鉴。目前，丰田内部的精益开发步骤是这样的：首先，在客户需求的基础上，对工作进行分辨，区分出哪些部分是能够满足客户需求的有效部分。如果工作中的某些流程生产出的结果并不能满足客户的需求，便是一种浪费，就不是增值的流程和操作。因此，精益开发首先需要了解客户需求。此后，需要对工作流程进行细化分割，把流程分成更细微的步骤，并保证每个步骤都能满足客户的需求，增加价值。

其次是流程的标准化和可操作化，这是精益思想的基础之一。在软件开发过程中，每个企业的现状都不尽相同，因此产品开发的方式也不同。但精益思想提到如何关注研发流程，让管理流程"落地"，并且让流程规范起来，不再是像过去把好流程放在纸上，靠人去管理。于是，固化和标准化开发流程就是一个实现方式。

(2) 通过推行精益管理，建立以人为本的团队。精益思想提到另一个重要的关于人的因素是：团队是推进精益管理的关键。通过推行精益管理，建立一个基业常青的团队，调动起每一个员工的积极性，只有这样才能推动开发项目的各项工作持续发展。于是，是否能建立一个良好的团队则是企业能否有效实施精益管理的关键。

最后，精益管理的推进要以人为本，精益管理虽然有各种流程作为基础，但是运行这些体系和流程的是人。熟悉丰田精益方式的人都知道，丰田方式中一项很重要的内容就是人员管理，即"育成"。育是培育，成是成功，强调人才培养，把人才看作是人"财"。一项针对包括丰田在内的50家具有百年历史的全球500强企业的调查显示，这些企业的共同之处，就是拥有一支有共同的理想、共同的价值观、共同的行为准则的强大团队。

(3) 有效的技术和工具支持。精益思想软件项目开发的第3个精髓，就是用工具和技术来支持流程和人的工作。在引进新技术方面，丰田奉行的原则不是积极倡导新技术，而是使用可靠的、已经充分测试过的技术。工具和技术的意义在于支持流程，而不是驱动它；是加强人的工作，而不是替代人。

在这里与大家分享一个有趣的例子，工具并不一定是最新的高科技的东西，有时它可以是很直观的方法。"大屋"是丰田普锐斯首席工程师想出来的一个工程合作方式。通过它，可以把各个职能部门的工程师聚集在一个大房间里。在这里，他们把产品开发状态的信息打印出来，包括种种数据、成本、质量、进度等关键问题，贴在墙上，每个人都可以方便地查看、讨论。当他们在一个房间开会和沟通的时候，他们就更加融洽，交流得更好，更容易做出决定，从而缩短产品开发时间。"大屋"听起来很简单，甚至有点可笑，但是它支持了流程和人的工作，就是正确的工具和技术。

2. 最佳实践

目前比较流行的精益方法的典型实践包括看板、诱因分析、过程改进、价值流等，而最常用的就是与敏捷框架相结合的看板方法(Kanban)：假设在一个产品开发流中有客户团队、产品所有人、开发团队和QA团队，他们通过使用队列传递移交物来协调工作，以使得团队之间能异步工作，并维持一定的工作速度。如图3-17所示，看板中每一个完成区域其实就是一个队列，其工作方式就如制造工厂中的"仓库"那样，并且看起来非常像丰田生产系统的看板系统。同时，它看起来就像在每条工序内同步的使用敏捷看板，而在贯穿各个工序的整个价值流上异步地使用持续看板。这样的看板系统甚至可以扩展至覆盖整个价值流，在这种情况下，看板即是价值流的一个生动的可视化体现。

在本例中，通过设定每一个区域的容量大小可以控制在制品（Working In Progress，WIP）的数量。而为了使其变成拉动式的系统，仍需要一种机制来使下游工序可以某种信号通知上游工序开始工作。其中一种方法就是制定一条规则，只允许下游移动完成区域中的卡片来通知上游工序开始工作；另一种方法就是定期召开“迭代会议”，来同步团队和团队之间信息的传递。在迭代中，一组用户故事的个数即为被限制在制品的数量，而最终处于完成区域中卡片的数量就对应于迭代中的项目“生产率”。这样的方式，我们称之为“精益＋敏捷看板”，如图 3-17 展示的那样它可以与“敏捷看板”相结合。

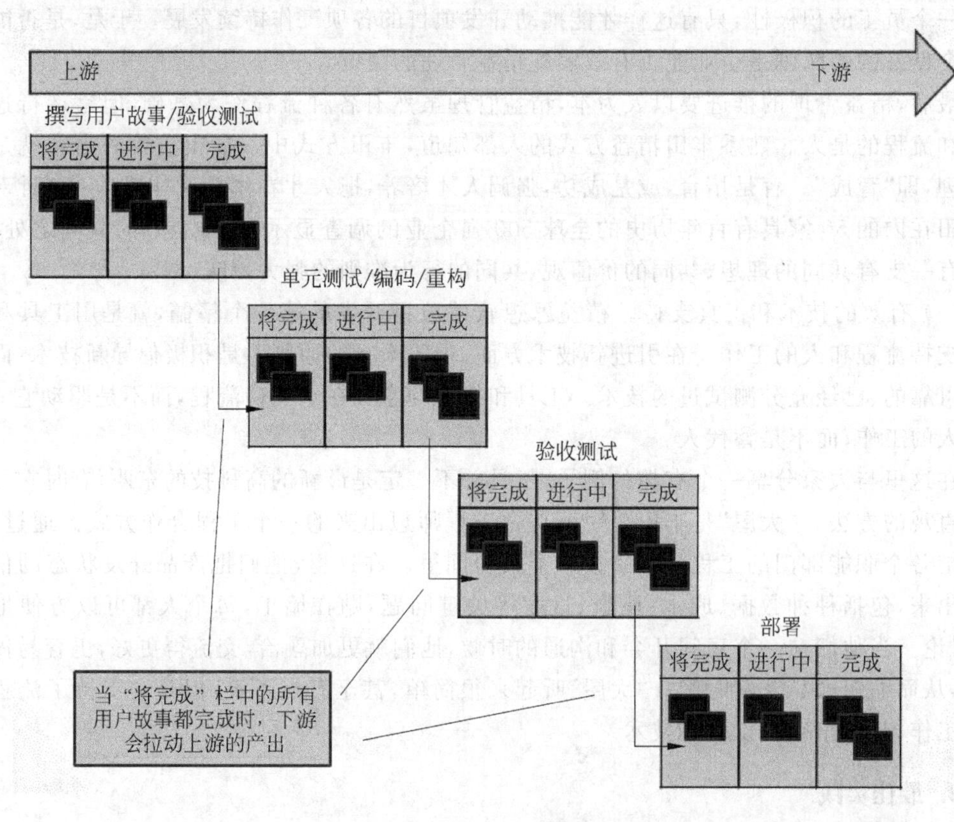

图 3-17　Scrum 白板与看板相结合

3.4.4 工作流程

如表 3-2 所示，系统工程国际协会（INCOSE3）已研制出一系列系统工程的方法来支持精益方式的 6 项关键性原则①。

① 系统工程国际协会——精益系统工程工作小组，http://cse. lmu. edu/about/graduateeducation/systemengineering/INCOSE. htm

表 3-2 工程方法

精益原则	实现方式
价值	关注所交付的用户价值 • 通过预定义的过程来获取基于用户价值的需求 • 建立起客户的最终产品的价值(分析业务目标是什么?) • 经常让用户参与进来
价值流图	使用规范的开发流程来执行项目 • 糟糕的计划是瀑布式项目失败最臭名昭著的原因 • 只计划开发那些需要被开发的部分 • 计划指导指标和度量来管理项目
拉动	通过对流程在风险和复杂度上的精简来达到最大的效率 • 拉动原则提升了将任务精简的文化,对合理的需求拉动,对不合理的需求拒绝实现产出,从而消除浪费 • 通过用户需求拉动生产价值从而消除浪费
流动	消除阻碍或拖延进度的瓶颈 • 在复杂的项目中有很多无法避免的因素导致项目停滞,所以需要精心的准备、计划和控制资源的调配来克服它们 • 在项目执行过程中,尽早且频繁的获取和细化需求,并将它们按优先级排列 • 早期关注架构设计和实现 • 尽量将项目的进度透明化 • 使用最有效的交流和协调方式,高效地利用各种工具
尊重他人	基于对他人的尊重来创建一支团队 • 创造一个学习向上的团队氛围 • 将人作为最有价值的资源,以人为本
完美化	在软件开发过程中持续改进,追求达到完美的境界 • 将前车之鉴用于将来的项目之中 • 建立一种机制,使人与流程能够完美的沟通、协调与合作 • 从始至终使用高效的领导力来指导项目的进行 • 通过设计标准化,流程标准化与技能标准化来消除浪费 • 通过持续的改进方法,来从团队中汲取动力和创造力

3.4.5 谁更适合使用敏捷与精益相结合的方法

开发人员与经营管理人员适合使用敏捷与精益相结合的方法。

很多敏捷方法强调以开发人员为中心,而精益软件开发则强调以经营管理为中心的方式。不过,现在它们已经开始慢慢向对方融合。

- 如今的 Scrum 不仅仅是以开发者为中心,而是提供了某种程度上的项目管理框架,并包含了类似于精益法则的原则来减少浪费的流程方法。

- Mary Poppendieck 和 Tom Poppendieck 已经将原来的精益制造法则运用到软件开发环境中，并采用和敏捷原则相一致的思想。

总的说来，精益软件开发原则提供了一种不仅仅以开发人员为中心的方式，而是从经营管理等更广阔的角度来看待敏捷的方法。所以无论是开发人员还是经营管理人员都适用敏捷与精益相结合的方法。

3.5 敏捷开发方法框架之特征驱动开发

3.5.1 定义和特性说明

特征驱动开发(Feature Driven Development，FDD)，是敏捷软件开发过程家族的一员，是构造系统的一种直接途径，其过程可以高度迭代，每一步都强调质量，不断交付完成的、切实可行的结果。它易于理解，行之有效，受到客户、经理和开发人员的普遍欢迎。FDD 最初由 Peter Coad 及其同事作为面向对象软件工程的实用过程模型而构思的。Stephen Palmer 和 John Felsing 扩展并改进了 Peter Coad 的工作，描述了一个可用于中、大型软件项目的适应性敏捷过程。

在 FDD 环境中，特征是"可以在 2 周或更短时间实现的具有客户价值的功能"。强调特征的定义是为了如下好处。

- 特征是小块可交付功能，用户可以更容易地对其进行描述、轻松地理解他们之间的相互关系，更好地评审以发现歧义性、错误和遗漏。
- 特征可以组织为具有层次关系的业务相关的分组。
- 由于特征是 FDD 可以交付的软件增量，团队每两周便可开发出可供使用的特征。
- 由于特征很小，其设计和代码都可以很容易、很有效地检查。
- 项目计划、进度和跟踪都由特征层次驱动，而不是可任意调整的软件工程任务集。

FDD 具有以下特点。

- 可高度迭代。
- 每一步都强调质量。
- 不断交付切实可行的结果。
- 在开销最小，开发人员受干扰最少的情况下，提供精确有用的进度和状态信息。
- 受到客户、经理和开发人员的欢迎。

3.5.2 主要角色

FDD 团队一般由以下几个角色组成。

(1) 项目经理(PM)。是项目的行政领导，负责报告进度情况，管理预算，筹措人员，以及管理设备、办公场地和资源等。作为项目的操作者和维持者，项目经理的工作创造和维持一个良好的环境，使团队运行在最佳状态，使开发小组能有效工作并胜人一筹。该角色一部分任务是保护开发小组免受外部对项目的干扰。

(2) 主设计师(CA)。负责系统的整体设计。虽然主设计师有决定权，但是在FDD中，他主要负责召集设计工作的讨论会，这是开发小组在设计系统时进行合作的场所。主设计师是一个技术性很强的角色，需要出色的技术和建模技巧，还要有好的化难为易的技巧。主设计师处理主程序员们自己不能解决的技术方面的争论。对于问题领域和技术体系结构两者都很复杂的项目，这个角色又被分为领域设计师和技术设计师两个角色。主设计师拥有设计方面的决定权，他引导项目克服技术障碍向前推进。

(3) 开发经理。负责日常开发活动。作为需要良好技术的一个推动角色，开发经理负责解决主程序员们自己无法解决的日常的资源冲突问题。在某些项目中，这个角色与主设计师或项目经理合并。开发经理拥有开发人员资源冲突方面的决定权，解决资源紧缺状况，引导项目向前推进。

(4) 主程序员。他们参与高层的需求分析和设计活动，领导3至6人的开发小组负责新软件特征的底层分析、设计和开发工作。主程序员也与开发经理共同工作，解决日常的技术和资源问题。

(5) 类所有者。是主程序员领导的开发小组的成员，作为开发人员对新软件系统所需要的特征进行设计、编码、测试和编写文档。

(6) 领域专家。是用户、客户、业主、业务分析专家或者所有这些的混合。他们利用其精深的业务知识，在不同程度上给开发人员详细解释系统必须实现的功能。他们是开发人员赖以交付正确产品的知识库。

3.5.3 主要活动和实践

FDD作为软件开发过程框架，它包含的主要最佳实践包括以下几个方面。

(1) 领域对象建模

领域对象建模主要包括设计类图，这些类图用于描述问题领域中对象的重要类型及其相互关系。领域对象模型提供了一个整体框架，可以一个特征一个特征地增加功能，有助于维持系统概念上的完整性。用它进行指导，特征小组可为每一组特征做出较好的初始设计。这减少了开发小组为增加一个新特征而重新分解类的次数。领域对象建模是对象分解的一种形式。问题被分解为一些有关的重要对象。在模型中被标示的每个对象或类的设计和实现就是需要解决的更小问题。而当全部的类被组合在一起时，它们就形成了较大问题的解决方案。

(2) 根据特征进行开发

术语特征(Feature)在FDD中具有特定的含义。一个特征是一个小的、具有客户价值的功能，表示如下：

<action><result><object>

行动(action)、结果(result)、对象(object)之间通过适当的方式联系起来。特征小得可以在两个星期之内实现,两个星期是上限,大多数的特征可以在几小时或者几天内实现。任何一个过于复杂而无法在两个星期内实现的功能,进一步被分解为更小的功能,直到每个子问题小到足以被称为一个特征。特征是具有客户价值的,意思是在业务系统中,一个特征可以映射到业务过程中某些活动的一个步骤;在其他系统中,特征等同于用户完成的一项任务中的一个步骤。

(3) 个体类(代码)所有权

在开发过程中的类(代码)所有权表示谁(人或角色)最后对类(代码块)的内容负责。FDD规定每一个类都有一个指定的人或角色负责代码的一致性、性能和概念的完整性。FDD方法所采用的开发技术是面向对象技术,类定义一个单一的概念和实体。最适合作为最小的代码分配要素,代码的所有权即为类的所有权。

(4) 特征小组

FDD把类即特征分配给一个确定的开发者。由于一个特征的实现会涉及到多个类及其所有者,因此,特征的所有者(特征组长)需要协调多个开发人员的工作,这样就可以围绕这些组长们组成若干开发小组,这些开发小组就是特征小组。由于特征本身就小,一个特征小组的规模较小,通常情况下是3至6人。特征小组拥有对这个特征需要修改的全部代码。

(5) 审查

FDD非常依赖审查来确保设计和代码的质量。审查的主要目标是检测缺陷。做得好时还有两个非常有用的辅助作用:①知识传递。审查是一种传播开发文化和经验的手段。缺乏经验的开发人员通过向知识丰富的开发人员学习有经验的代码,通过遍历代码并解释所使用的编码技术,可以快速学习编码技巧。②标准一致。一旦开发人员得知,如果他们不能按照规定的设计和编码标准开展工作,就不会通过代码审查,那么他们一定会更遵守标准。

(6) 定期构造

定期构造是定期地取出已完成特征的全部源代码和它所依赖的库、组件,构造完整的可以运行的系统。定期构造有助于尽早发现集成错误。定期构造可以确保总有一个可以运行、可以向客户演示的软件系统,可以使客户观察到系统开发的进度和实现的功能是否是需要的。

(7) 配置管理

理论上讲,一个FDD项目只需要配置管理系统确定最新完成的全部特征的源代码,并维护一个类修改的历史记录即可。实际上,一个项目对配置管理系统的需要将依赖于所开发软件的自身性质及其复杂性,任何在系统开发过程中使用和维护过的制品,例如分析和设计文档、测试用例、测试脚本、测试结果报告等也应受控于版本控制。

(8) 可视化进度报告

FDD提供了一个简单、低开销地收集准确和可靠状态信息的方法,提供了大量直接、直观的报告样式，向项目内外的所有人员报告项目进度。

3.5.4 主要工件

主要工件包括如下4部分。

(1) 整体对象模型。整体对象模型包括的主要内容有：①类图重点关注模型的形状、领域中的类、它们如何与其他类连接、满足什么样的约束条件以及任何标识的操作和属性；②顺序图(如果有的话)。说明为什么某个特征的模型被选取，以及考虑什么样的替代模型。

(2) 特征表。特征表主要包括的内容有：①一张主要特征集表(区域)；②与每个主要特征表分别对应的一张特征集表(活动)；③与每个特征集(活动)分别对应的一张特征表，每个特征分别表示相应集中活动的一个步骤。

(3) 开发计划。开发计划包括的内容有：①特征集及其完成日期(月，年)；②主要特征集及其完成日期(月，年)，该日期来自于特征集最后的完成日期；③特征集被分配给主程序员；④类表和拥有它们的开发人员(类所有者表)。

(4) 设计包。设计包的内容有：①集成和描述设计包的备忘录或文件，供审查人员使用；②文档形式的参考需求，以及所有有关的备忘录和支持文档；③可替代的设计方案(如果有的话)；④具有新/更新的类、方法、属性的对象模型；⑤设计中创建或更改的类和方法的序言；⑥提供给每一个小组成员的修改影响的类所需的待做任务清单。

3.5.5 工作流程

FDD从与领域专家合作创建一个领域对象模型开始。通过使用来自于建模活动和其他需求活动所产生的信息，开发人员创建一个特征表。这样就制订出来一个初步计划，并分配了职责。然后准备通过一个设计方案对特征进行更细的分组并构造迭代，每组迭代不会超过两周，有时可能只有几个小时，重复这种过程直到没有特征为止。

FDD包括以下几个过程，如图3-18所示。

(1) 开发一个整体模型。域和开发小组成员在富有经验的对象建模者(主设计师)的指导下一起工作。通过领域走查，最终确定最适合领域中这个区域的模型。整个模型可以根据需要进行调整。

(2) 构造一个特征表。开发小组在初始建模活动所收集的知识的基础上，构造一个尽可能综合而又全面的特征表。特征被组织成特征的集合，一个特征集通常反映一个特定的业务活动。

(3) 根据特征制定计划。将特征集或主要特征集排序成一个高层的计划，并将这些特征集分配给主程序员。特征集依据优先级和依赖关系排序。

(4) 根据特征进行设计、根据特征进行构造。主程序员选择一组特征进行开发。在一次迭代中，主程序员将确定可能用到的类及类所有者来组成特征小组。特征小组为这些特征设计出详细的顺序图，并写出类和方法的序言。被完成的特征将提交给总的构造过程，再重复特征设计和特征构造来开发下一组特征。

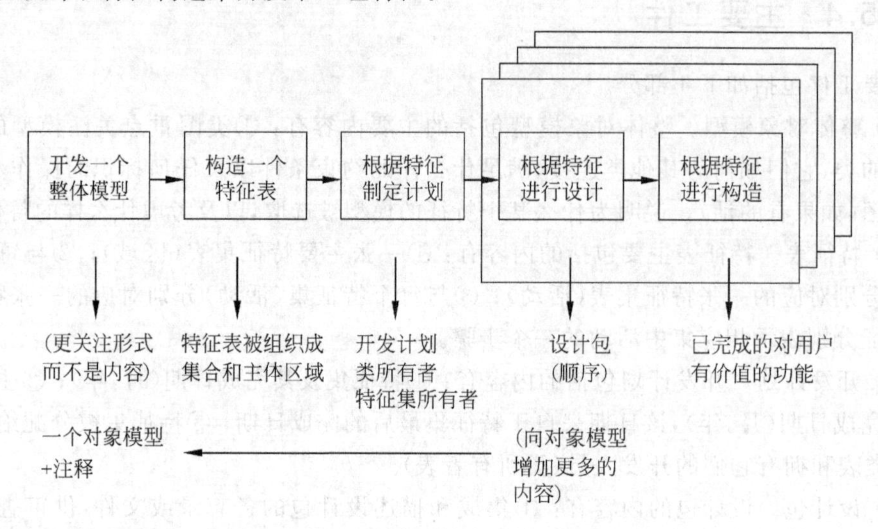

图 3-18 特征驱动开发方法流程

3.5.6 谁适合使用特征驱动开发

和其他敏捷方法相比，FDD 更加强调项目管理原则和技术。随着项目规模和复杂度增长，项目管理常常是不充分的，对于开发者、管理者和其他的利益相关者而言，非常有必要理解项目状态(已经完成了什么，遇到了什么问题)。如果最后期限压力很大，则确定软件增量(特征)是否能如期完成就非常重要。

FDD 适合于那些不确定或常变更的需求的系统，促使项目小组更快地提交有价值的结果，而不降低其质量。FDD 不包含软件开发的全生命周期过程，它的焦点在软件的设计和构造。FDD 抓住了软件开发的核心问题领域，即正确和及时地构造软件。FDD 提供了一个可以展开工作的弹性的概念性框架，包括领域对象模型构架和特征需求表，根据特征进行设计和构造的过程可以高度迭代、自组织、对混乱进行控制。

3.6 敏捷开发方法框架之水晶方法

水晶方法由 Alistair Cockburn 在 20 世纪 90 年代末提出的一组开发方法，分为透明水晶、黄色水晶、橙色水晶和红色水晶，Cockburn 认为不同类型的项目需要不同的方法，为此识别了项目的两个重要特征来判断采用什么方法，这两个重要特征是重要性和参加的人员数量。

重要性根据项目中的错误引发的后果分为：

- C Loss of Comfort（某些不舒适）
- D Loss of Discretionary Money（经济损失）
- E Loss of Essential Money（严重经济损失）
- L Life Critical（生命危险）

项目参与人数划分为 6,20,40,100,200,如图 3-19 所示。

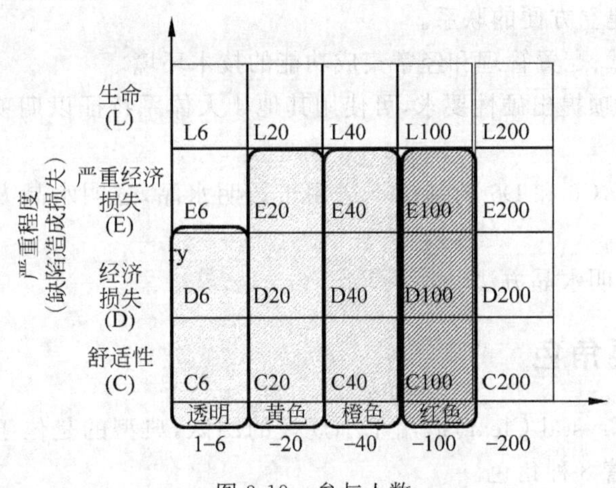

图 3-19 参与人数

一个项目称为 C6 说明参加人员在 6 人以下，重要性是 C 级，D20 说明人员在 6～20 人，重要性是 D 级。

- 透明水晶适用于 C6,D6 项目。
- 黄色水晶适用于 C20,D20,E20 项目。
- 橙色水晶适用于 C40,D40,E40 项目。
- 红色水晶适用于 C100,D100,E100 项目。

水晶系列与 XP 一样，都有以人为中心的理念，但在实践上有所不同。Cockburn 考虑到人们一般很难严格遵循一个纪律约束很强的过程，因此，与 XP 的高度纪律性不同，Cockburn 探索了用最少纪律约束而仍能成功的方法，从而在产出效率与易于运作上达到一种平衡。也就是说，虽然水晶系列也许不如 XP 那样的产出效率，但会更容易的接受并遵循它。

水晶方法把开发看作是一系列的协作游戏，而写文档的目标就是只要能帮助团队在下一个游戏中取得胜利就行了。水晶方法的工作产品包括用例、风险列表、迭代计划、核心领域模型，以及记录了一些选择结果的设计注释。水晶方法也为这些产品定义了相应的角色。然而，值得注意的是，这些文档没有模板，描述也可不拘小节，但其目标一定要清晰，那就是满足下次游戏即可。

最优秀团队制定的7大体系特征如下。

- 经常交付。
- 反思改进。
- 渗透式交流。
- 个人安全。
- 焦点。
- 与专家用户建立方便的联系。
- 配有自动测试、配置管理和经常集成功能的技术环境。

水晶方法对前3项提出硬性要求,可使用其他4大体系特征以期项目能够向更为安全的方向发展。

对于水晶方法论,C6和D6的情况下适用于透明水晶,透明水晶方法一般是轻量级的团队适用。

下面重点介绍透明水晶方法。

3.6.1 主要角色

透明水晶方法(Crystal Clear)适用于小规模的团队,典型的是位于同一个办公室内的一个小组,总共存在着8种角色。

1. 前4种角色

- 执行发起人(Sponsor)——任务的下达者
- 总设计师(Senior Designer-Programmer)——高级设计开发人员
- 设计开发人员(Designer-Programmer)——设计兼编程人员
- 专家用户(Expert User)

(1) 执行发起人

执行发起人是为项目筹集资金并且保证资金到位的人或其授权的代理,应当具备长远眼光,应当有利用随后的发布及发展或维护系统的团队来平衡短期优先任务的能力。执行发起人向外界告知项目的进展情况并且为团队做出重要的业务水平决定。当存在平衡交付价值与投入资金方面的问题时,执行发起人有权做出决定何时、是否继续进行或停止项目的开发;若觉得继续进行开发,那么应当如何调整剩余的系统功能以重新获得商业价值。

(2) 总设计师

总设计师是在技术方面起领导作用的成员,拥有丰富的软件开发经验,能够负责主要的系统设计,能够辨别项目团队是否在正确的轨道上,如果偏离了正确轨道,知道如何把团队拉回正轨。

(3) 设计开发人员

将“设计师”和“程序员”这两个词融合为一体,目的是强调扮演这一角色的成员既肩负着“设计”的责任又肩负着“编程”的责任。不考虑编程的设计会因为缺乏反馈信息(适用于任何大小的项目)而漏洞百出,编程过程中本当包含设计的环节,因此无论是设计师还是程序员都不应该是两个独立的角色。

(4) 专家用户

专家用户应当是非常熟悉操作程序以及使用中的系统(如果已经形成一个系统)的专家。他知道哪些是经常或者不经常使用的操作方式,需要哪些捷径,哪些信息应当同步出现在屏幕上。

2. 后4种角色

- 协调者
- 商务专家
- 测试员
- 书写人员

后4种角色往往会被兼任。

协调者应当对项目的计划或者状况讨论会进行记录,并且整理出要发布或者上交的信息。协调者要承担起向项目赞助方展示项目的结构以及状况的责任。对于小团队,一般不安排项目经理,但如果安排项目经理,也是可以的。

透明水晶方法尽可能仅用2~4个成员来开发某个项目,这样团队内部就可以协作轻松自如。如果团队需要6个以上的成员人数,那么就意味着他们没有正确限定项目范围。团队中总有一个经验丰富的成员,通常也只会有一个新手。如果团队中有两名新手,则要求团队领导人必须是一名经验特别丰富且能力优秀者。

3.6.2 主要活动和实践

可以将透明水晶方法的主要活动概括如下:总设计师和开发人员在一个大办公室或在相邻的办公室内,使用白板和挂图等信息传播器,能够方便联系到专家用户,并排除干扰,每一个或两个月(最长一个季度)把可运行、已测试以及有用的代码交付给用户,周期性地反思和调整工作惯例。

每一次交付之后,团队成员都会聚到一起,讨论哪些工作没有起到作用,并想办法改进。在日常开发中,需要团队成员之间建立信任。建立信任就必须有曝光,以下是软件开发相关的3种曝光。

- 曝光他人的疏忽。
- 曝光错误。
- 曝光某人在任务中某些方面无能为力的事实。

另外,需要和用户经常保持联系,常用的与用户联系的3个方法。

- 每周或者每半周举行一次用户会议,另外还应当利用电话与用户保持联系。

- 团队自身拥有一个或一个以上富有经验的用户。
- 开发人员可以在一段时间内扮演实习用户的角色。

具体而言，水晶方法可以应用其他敏捷流派中出现的各类实践方法，下面的9个方法是水晶方法最为推荐的方法。

- 方法体系建成法。
- 回顾会议。
- 闪电式计划。
- 利用专门排列技术的Delphi估计。
- 每日站立会议。
- 实质性交互设计。
- 流程微观模型。
- 结对编程。
- 燃尽图。

3.6.3 主要工件

主要工作包括：

- 项目规划图。
- 发布计划。
- 项目状况。
- 风险列表。
- 迭代计划和迭代状况。
- 评审进度表。
- 角色目标列表。
- 需求档案。
- 用例。
- 用户角色模型。
- 屏幕草图。
- 系统架构。
- 源代码和交付包。
- 设计注释。
- 测试和缺陷报告。
- 帮助文本文件、用户手册以及培训手册。

需要的工具：

- 版本控制工具。
- 白板(最好可打印)。

3.6.4 主要流程

水晶方法使用的是各种长度不同的嵌套式循环过程。

- 项目周期。项目整体时间,持续时间不限。
- 交付周期。一个交付的时间单位,一个星期到3个月不等。
- 迭代周期。一个估计、开发以及庆祝的时间单位,一个星期到3个月不等。
- 工作周。以星期为单位的周期。
- 集成周期。一个开发、集成以及系统测试的时间单位,30分钟到3天不等。
- 工作日。
- 开发段落。对一段代码进行开发以及测试的过程,几分钟到几小时不等。

(1) 项目周期。在水晶方法中项目周期包括如下内容。

- 项目启动。
- 一连两个或更多的交付周期。
- 一场完成例行仪式:项目综合终结报告。

对于项目启动,给出了如下4大步骤。

- 组建团队核心。
- 执行360度全方位考察。
- 建成以及调整团队方法体系。
- 建立初期项目计划。

(2) 交付周期。由如下几部分组成。

- 再校正发布计划。
- 一次或多次迭代,每一次迭代都能生成已集成的、已测试的编码。
- 对实际用户进行交付。
- 一场迭代完成例行仪式,包括对生产的产品和采用的工作方法进行反思。

(3) 迭代周期。不同团队的迭代长度及迭代形式不尽相同。一次迭代包括3个部分。

- 计划迭代。
- 日常活动与集成周期活动。
- 完成仪式(反思研讨会以及庆祝)。

(4) 工作周。在长度各异的周期中,只有以天和星期为单位的周期拥有固定的节奏。许多团队活动是以星期作为单位周期的,比如周一上午的全体人员会议、部门会议、团队领导报告会议、自带午餐技术讨论研究会、星期五下午的红酒和奶酪派对,等等。

(5) 集成周期。根据团队的工作方法和不同习惯,集成周期可从半小时到数天不等。一些团队利用单个机器连续运行建立与测试脚本。而另外一些团队则每隔几个开发迭代便进行一次集成,以便保持各个活动之间密切的关联性。

(6) 工作日。工作日也拥有自身的节奏。一般从每日站立早会开始,然后是一个或多个开发段落，在这些活动之间穿插午饭、下午茶，等等。

(7) 开发段落。开发段落是敏捷开发中编程人员的基本工作单位。在一个开发段落中，团队成员选择一些小型的设计任务，完成这些任务的编程工作(最好带有单元测试)，然后将其注册到配置管理系统中去。这需要用15分钟到一天的时间，主要取决于编程人员以及项目的工作惯例。但是最好将一个开发段落控制在一天以内，以获得最佳的效果。

3.6.5 谁适合使用透明水晶方法

透明水晶方法适合于较小规模的开发小组(共处一室或处于相邻办公室内的团队)和非生命安全关键项目。能够达到密切交流，也就是说团队成员每天都可以不经意地听到成员间有关项目优先、状态、要求设计等方面的讨论。如同Cockburn所设计的，透明水晶对敏捷团队的弹性比较大，上面短短的介绍中也可以看到水晶方法留下供团队自身选择的较多空间。但值得注意的是在项目启动时透明水晶方法安排了名为“建成以及调整团队方法体系”的步骤，允许并推荐团队根据自身历史和项目情况得到团队的方法体系，在交付周期和迭代周期都安排了例行仪式来反思，反思包括对采用的工作方法进行反思。这一点与Scrum和XP都不一样。

第4章

敏捷开发之管理实践

4.1 迭代式开发

4.1.1 定义和特性说明

1. 迭代式开发的定义

迭代开发是指每次在较短的时间窗口内,按照相同的开发方式开发软件的部分,或前期开发并不详尽的软件,每次开发结束获得可以运行的软件,以供各方干系人观测,获得反馈,根据反馈结果,适应性的进行后续开发,经过反复多次开发,逐步增量地补充完善软件,最终开发出所希望的软件。其中每次反复开发叫做一次迭代,在Scrum中称为Sprint,中文常译为"冲刺"。

在敏捷软件开发中,迭代开发需满足3个条件。

(1) 迭代的时间长度,也称为迭代周期,是有短迭代周期的要求,一般的,敏捷迭代周期不超过8周,推荐的迭代周期是2~4周。

(2) 迭代的产物是可运行的软件。

(3) 获得迭代的反馈,并处理反馈,反馈作为迭代开发中至关重要的一个方面,必须得到足够的重视。

2. 迭代开发的优点

(1) 降低风险,在进行大规模的投资之前就可以进行关键的风险分析。

(2) 得到早期用户反馈,各次迭代为各方干系人提供了一个机会以对进行中又可运行的软件进行评论、反馈,同时能够对未来的开发趋势产生影响。每次迭代都能回顾一个能够表明各方需求决定以及开发团队对这些需求理解的软件版本，可以决定如何修改项目方向或是划分剩余需求的优先次序。

(3) 对过程的测量是通过对实现的评定(而不仅仅是文档)来进行的，更加直观，更加体现用户价值。

(4) 能够自然地处理变更，快速地适应新情况。快速地开发周期，可以通过后续的迭代来纠正前期迭代的误解、失误，在迭代之间自然地、平滑地处理变更。

(5) 可以对局部的实现进行部署，建立团队交付能力的信心。

(6) 可以增加客户对开发单位开发能力的信心。

4.1.2 应用说明

(1) 每个迭代周期长度是否都可以调整？敏捷开发的迭代周期选择和项目类型、复杂度、敏捷规模化程度有关，敏捷开发讲究固定的节奏，建议按照固定的节奏开发，因此某个迭代碰到特殊情况，尽量保证迭代周期长度不变，在不得已的情况下可以调整迭代周期长度。

(2) 敏捷开发时，上个迭代结束后是否可以安排一段缓冲期再开展下一个迭代？敏捷开发讲究固定的节奏，强烈不建议安排缓冲期，相关任务可以安排在下一个迭代中。

(3) 是否可以将原瀑布生命周期的阶段作为迭代？比如将需求分析阶段改称为需求迭代，迭代的目标产物就是需求规格说明书。这种做法不符合敏捷开发方法。敏捷迭代的目标产物应当是可运行的，不能仅仅出文档。

4.1.3 案例说明

在迭代式开发方法中，整个系统开发工作被组织为一系列的短小且长度固定(如 3 周)的小项目，被称为一系列的迭代。每一次迭代都包括了需求分析、设计、实现与测试，完成系统的一个功能增量开发工作。在整个过程中，不断通过客户的反馈来细化需求，开始新一轮的迭代。随着迭代的不断增加，系统的功能越来越完善。

E 公司-Teacher tab 项目敏捷成功实践。

(1) 公司简介

E 公司是目前全中国最大的英语培训机构，也是全球最大的在线英语培训机构。上海的 E Labs 负责 E 公司全球的在线英语培训产品开发。在 Scrum 领域中，它是一个相对较年轻的带有国际背景的 IT 公司。

(2) 项目基本信息

为全球学生提供世界一流的 365×24 小时不间断的在线课堂服务。产品包括在线小班课和在线一对一课堂。

团队规模：7 人。

环境：.NET C#；FW 4.0；WCF；MVC 3；SQL 2008；WIN SERVER 2008。

(3) 组织结构

这是一个国际化喜欢挑战的年轻团队。

开发团队：成员来自中国各地，战斗力强，热衷编程。

成员1：擅长前台开发，用代码去优化用户体验。

成员2～4：合计超过25年开发经验。

成员5：数学专业毕业的测试工程师。

Scrum主管：关心但严厉的教练，有长期项目管理经验，其中一年半的敏捷团队经验。

产品负责人(Product Owner)：对技术领域陌生，听到瀑布模型、极限编程就头大。

(4) 项目背景

项目组负责开发的产品属于公司的核心业务，多年来为用户提供365×24小时不间断的在线课堂服务。用户群是支付昂贵学习费用的来自全球各地、各个年龄层的学生，他们期望优质的用户体验。

由于产品的敏感性，本次的产品更新是6年来的首次。立项初期，产品负责人采用传统瀑布式流程，从概念到完成功能需求书就需要半年时间，预估开发周期为半年，目标是2011年8月份产品上线。公司管理层非常支持本次产品的更新换代。CEO相信改善用户体验能显著提高产品使用率，从而创造更大价值。因此，尽早推出产品到市场，公司就能尽早获益。同时，中国学生数量激增，受制于网络带宽问题，老产品已经不能支持激增的用户量，尽快让新产品上线迫在眉睫。

项目市场需求迫切而且不断变化，技术实现风险较大，经团队评估，与其完成全部功能的开发再上线，不如先推出一个简化版本。这样可以降低整体耦合度，分散风险，还可以提前发布。经过团队投票，大家愿意接受此挑战，并决定使用Scrum作为项目开发管理方式。

(5) 面临的问题

- 新组建的团队，缺乏磨合。

解决方法：由于大家都愿意接受挑战，一致的目标迅速把团队融合起来。

- 产品交付时间压力大：3月组建团队，要求8月产品上线。同时市场需求多变。

解决方法：为了让产品尽快上线，团队选用迭代开发的方式。

每个迭代周期为两周。第一个迭代重点关注开发，第二个迭代重点关注测试，第三个迭代重点关注发布前的准备和调整。每个迭代的开始团队进行迭代计划，迭代结束检视结果并进行总结和改进。短短的一个半月，第一版产品顺利上线。

第一版产品上线后，按照原来的功能需求设计，下一步的开发计划需要3～4个月才能完成，同时第一版的产品也需要不断改进，推广到更多市场。为了能更灵活地迎合多变的市场需求，团队进一步引进用户故事的形式，这样有助于让每个迭代周期更完整从而更独立。在每个迭代里，由产品负责人统一排定每个用户故事的优先级，里边既有对已发布产品的改善，也包括新产品的开发。由于用户故事都是相对完整的功能，从而保证每个迭代的结束，团队完成从设计，编码到测试的整个过程，生产出潜在可发布的产品。

（6）主要收益

对比原项目计划，本次产品更新比原计划提前 3 个月投入市场。

在每一或两个迭代结束后，新产品持续发布到更多市场，3 个月间完成全球市场的投放。

新产品上线以来，在全球用户的统计中，产品使用率提高 30%，各个市场都出现明显增长。中国用户的用户体验显著改善。由于改善显著，市场部正计划大规模展开宣传，推广此在线产品。

通过迭代确立项目的“心跳”，迭代支持客户的快速反馈，迭代支持产品快速发布。

4.2 多级项目规划

4.2.1 定义和特性说明

在软件开发领域，多级项目/产品规划是指以迭代开发为基础，形成多层次的、逐步细化的项目或产品计划。这些层层相关的项目/产品规划包括：项目/产品愿景、项目/产品路线图、版本发布计划、迭代计划、每日实现（Daily Scrum 中实现），如图 4-1 所示。

完整的多级项目规划包含如上 5 个层面。仅包含版本发布计划、迭代计划有时也被称为两级项目规划。

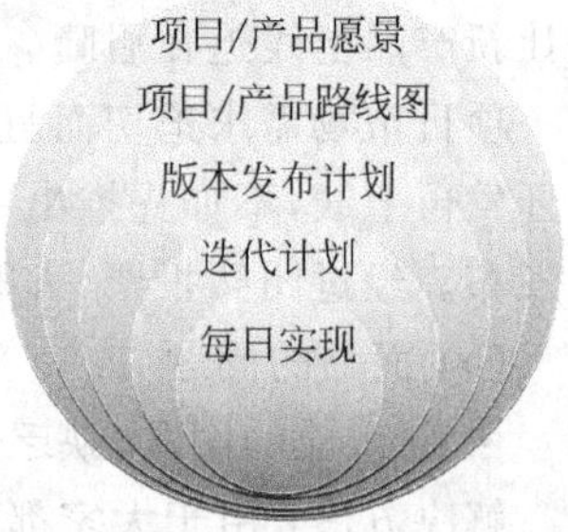

项目/产品愿景
项目/产品路线图
版本发布计划
迭代计划
每日实现

图 4-1 项目/产品规划图

4.2.2 应用说明

1. 项目/产品愿景

在该计划阶段，项目干系人（Stakeholder）、项目/产品负责人将参与并组成工作组，他们负责阐述项目的重要性、给出项目成功失败的关键标准以及项目整体层面“完成”的定义；在过程中，可以利用形成项目愿景的一些工具，包括愿景盒子（Vision Box）、业务收益矩阵（Business Benefits Matrix）、项目范围矩阵（Scope Matrix）、滑动器（Slider）、成本收益矩阵（Cost/Benefit Matrix）等；项目愿景还需要使用尽量简要的文档固定下来，并保证项目团队成员都能了解。该文档需要包括：

- 当前的问题。
- 机会描述和理由（描述项目的重要性）。
- 项目的价值。
- 项目如何和组织的战略目标达成一致。
- 解决方案综述。
- 项目包含的关键功能。

- 项目必须服从的技术和约束条件。
- 项目范围。
- 项目的关键时间节点。
- 项目收益分析。
- 项目和其他项目的依赖性。
- 项目的相关风险以及如何消除。

2. 项目/产品路线图

项目/产品路线图主要描述为了达到产品愿景而需要交付的关键功能和特性,这些特性基本处于叙述性和特性层面,不包括用户故事(User Story)。它从时间的维度来表述对愿景的支持和实现。当项目/产品需要发布多个版本时,项目路线图就非常重要。项目/产品路线图由项目负责人和项目经理维护,并保持更新。通常,会形成路线图文档或幻灯片,使用大图标显示重要的里程碑、包含的功能和发布日期等,让所有项目/产品相关人员都清楚产品各个组件的可能发布日程。

3. 版本发布计划

版本发布计划由团队成员和项目/产品负责人共同制定,并通过版本发布计划会议讨论通过。它包括了当前版本需要交付的、达成一致的关键功能,并经过优先级排序,可以包含叙述性需求和用户故事。版本发布计划中常使用的概念包括:故事点、迭代、团队速率和优先级排序。通常,项目/产品负责人提出本次版本发布的目标,团队成员根据目标和功能特性的重要性对故事进行排序,并依据团队速率决定本次发布需要包含的故事点。前几次版本发布使用估算值,其准确度随着项目/产品的时间持续而逐步精确。版本发布计划是具备适应性且可调整的计划,会随着项目演进而改变。

4. 迭代计划

迭代计划是对版本发布计划的进一步细化,同样由团队成员和项目/产品负责人共同制定,并通过迭代计划会议讨论通过。迭代会议负责两件事情:根据当前状态确定是否需要对版本计划做出更新;为当前的迭代制定迭代计划。迭代计划中常使用的概念包括:拆分叙述性需求和用户故事、任务、任务估算,如图4-2所示。在迭代会议上,成员首先根据当前的项目变化对发布计划进行更新,然后根据更新后的、重新排序过的故事制定当前迭代需要完成的故事,并对这些故事进行详细的任务拆分。成员在认领完任务后,会对任务的实现时间做出估算,估算值需要具体到这些估算信息可以方便任何成员追踪任务的进度。

5. 每日实现

每日实现是团队成员完成任务的具体过程,它依据任务估算值并根据任务最终实现情况更新该值。在敏捷方法中，使用每日站立会议来报告进度，通过 15 分钟的站立形式，团队成员报告故事或者任务的完成、未完成状态，而解决层面的问题则在会议之后处理。

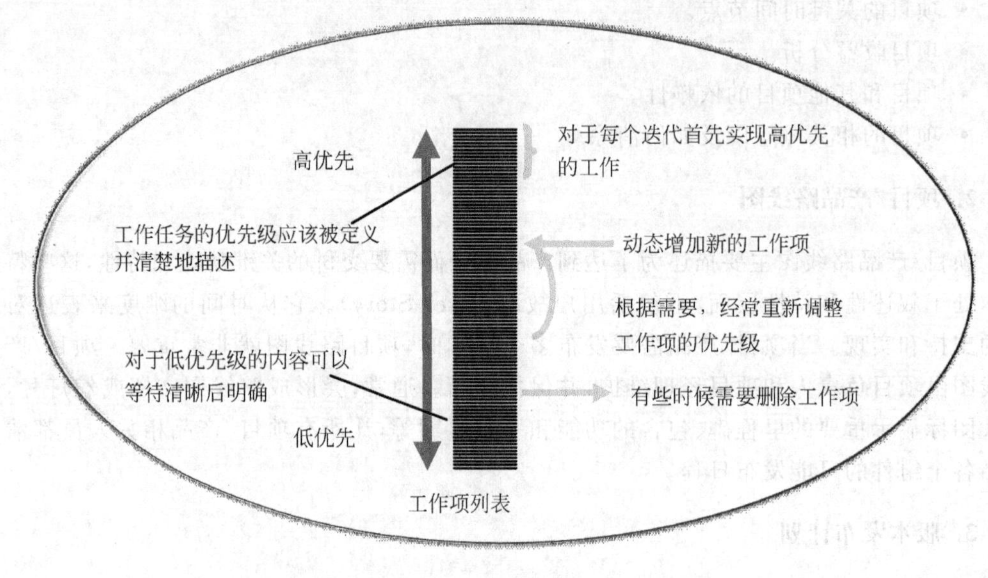

图 4-2 迭代计划

4.2.3 案例说明

案例：以医疗基层卫生服务系统产品研发为例。

(1) 项目基本信息

- 团队规模：20 人。
- 环境：Java、用友 UAP。

(2) 组织结构

矩阵式组织架构，包括需求、用户界面设计、开发、测试来自不同部门的人员组成产品团队参照 Scrum 组织架构，任命产品项目经理为 Scrum 主管。

(3) 面临的问题

产品研发计划总是不能得到正确执行，任务分配可能会有遗漏或责任人不清。

(4) 解决方法

采用多级项目规划，每到一个阶段，将计划和任务分配细化并调整，产品研发进度与计划能够匹配，任务分配明确清晰。具体步骤如下。

① 项目启动初期，由产品经理定制一级需求目标，描述产品要实现的业务场景或业务点，每一块完整的业务为一个独立内容。

② 一级需求目标评审通过之后，由架构师或主设计师分解系统功能，给出二级开发计

划,它描述对应的系统功能,并对每一个功能评估工作量,给出整体的开发计划,二级开发计划不指定每个任务的负责人。

③ 二级开发计划确定后,对其再进一步细化,明细到某一个菜单功能、按钮或后台算法。对每一个任务给出相对准确的工作量评估和完成时间(可以对二级开发计划的评估有调整),接着为每一个任务分配负责人员。

4.3 完整团队

4.3.1 定义和特性说明

Scrum 团队是基于功能开发而组成的跨职能、自我管理团队,在组织方式、管理模式和开发过程等方面与传统的开发团队有着重大改革。

- Scrum 团队中不再有传统意义上的产品经理、项目经理、开发经理,而是引入了产品负责人、Scrum 主管和 Scrum 团队等新角色,团队中倡导能够完成多种职能的跨职能团队成员,每个开发团队成员通常能够完成需求分析、设计、开发和测试等工作的通才,当然也可以有所专长。
- 传统开发团队通常是项目经理下达工作内容,而 Scrum 团队提倡自我管理,按照兴趣和能力挑选任务。
- 从前的开发团队通常是接到任务后分头工作、独立完成,而 Scrum 团队需要相互配合工作,相互协作完成任务。
- 传统的瀑布开发过程中,通常是经历一个大时间段的开发过程才完成一次产品发布,而 Scrum 开发过程中,产品是迭代增量发布的,通常是在每个冲刺结束时交付可发布软件。

4.3.2 应用说明

Scrum 团队必须具备以下 3 个完整性,才能算是一支完整的敏捷团队。

(1) 团队职责完整性。

(2) 团队素质完整性。

在一个标准的 Scrum 团队中分为 3 种角色,分别是产品负责人、Scrum 主管和 Scrum 团队。他们的职责请参阅 3.1.2 节主要角色中的描述。

首先,要具备很强的集体协作精神。敏捷开发提倡的一个重要思想就是集体协作,即使个人能力再强,不懂得集体协作,这种人也不是敏捷开发团队所需要的。

其次,Scrum 团队的成员需要良好的沟通能力。敏捷开发中最强调的就是沟通,最有效的沟通方式就是面对面交流,那种只会埋头工作而沟通能力不强的员工,在敏捷开发团队里也是有问题的。

第三，Scrum 团队的成员必须能积极主动的接受新的事物，要具备创新能力。敏捷开发与传统的开发模式最大的优势就是拥抱变化，面对时时变化的客户需求，那些不能及时转变思维、墨守成规的成员是不能胜任的。

最后，Scrum 团队的成员要具备极强的自我管理能力和积极主动的精神。自我管理是敏捷开发团队中不可或缺的素质，那些工作时只会被别人引导而不能主动自我管理的人也是不适合的。

(3) 沟通完整性。

Scrum 团队除了日常的工作之外，有 4 个重要的会议也是要坚持的，这 4 个会议召开的好坏，直接影响到 Scrum 开发过程的效果。这 4 个会议分别是冲刺计划会议、每日站立会议、冲刺评审会议以及冲刺回顾会议。

首先来介绍一下冲刺计划会议，这个会议的主要目的是要根据产品负责人制定的产品或项目计划在冲刺的开始时做准备工作，通常是由产品负责人根据市场的前景和商业价值制定一个排好序的客户需求列表，这个列表就是产品待办列表。当冲刺待办列表确定后，Scrum 主管带领 Scrum 团队去分解这些功能点，细化成冲刺的一个个任务，这些任务就是细化的来实施这些功能点的活动。冲刺计划会议的这个阶段需要控制在 4 个小时。

其次，每日站立会议，顾名思义是每天开站会。这个会议是让团队成员能够面对面的在一起，同步目前的工作进度和状态。通常每个成员需要轮流回答“昨天我做了什么”、“今天计划做什么”和“遇到了哪些困难”3 个问题。这个会议一般要严格控制在 15 分钟左右，不宜过长。

在一个迭代周期结束的时候，要召开冲刺评审会。这个会议要演示本迭代完成的工作内容，需求、开发和技术人员要做相关的评审工作，由产品负责人来确定完成了哪些功能，哪些工作还没有完成。对于任何项目干系人提出的新的需求则不做详细讨论。然后，整个团队还要召开冲刺回顾会议。回顾本迭代内哪些工作完成得好，继续发扬和保持下去，哪些工作完成得不好，需要进行什么样的改进。

这 4 个会议是 Scrum 开发过程中不可缺少的重要组成部分，一定要持续地将这些会议坚持下去，才能真正体会到敏捷开发带来的好处。

4.3.3 案例说明

案例：来自用友软件银行客户事业部的案例。

(1) 项目基本信息

用户软件银行客户事业部，为某银行开发一套资金交易系统。面临困难：

① 开发过程周期短，只有 3 个月时间；

② 客户很难一次提足需求，由于对类似的系统没有概念，对系统的功能定位及业务描述很难到位；

③ 业务逻辑复杂，对产品的正确性和稳定性要求高。

按照以往的经验，在这么短的时间内，开发出一套这样的系统几乎不可能完成，需要抛开以往的开发模式，按照敏捷开发的模式组建开发团队，迅速交付产品。

(2) 组织结构

采用标准 Scrum 架构，团队由 6 人组成。

(3) 开发过程

① 产品负责人需要确定产品的功能和完成时间，确定整个开发过程分成 12 个单周迭代。并把需求分解为冲刺计划中的任务；

② 每个迭代开始的第一天上午，所有团队成员参加冲刺计划会议，产品负责人首先从产品待办列表中选定本迭代需要完成的待办列表，然后由 Scrum 主管带领团队成员来细化任务、分配任务；

③ 开发过程中每天坚持召开站立会议，会议上每个成员通过回答“昨天我做了什么工作”、“今天计划做什么工作”、“遇到什么问题”来同步项目进度和解决工作困难，会议还可以根据最新的开发状态及时调整开发计划；

④ 开发人员在开发过程中，及时更新 ScrumWorks 工具软件的任务状态。团队成员可以通过燃尽图来了解本迭代的任务还有多少没有完成；

⑤ 每个冲刺结束的最后一个下午，召开冲刺评审会和回顾会。会上首先演示本迭代完成的功能，由产品负责人来确定本迭代的目标是否已经完成。如果有未完成的任务，把这些任务排进下一个迭代计划。然后回顾本迭代中有哪些工作完成得比较好，哪些不足的地方需要改进；

⑥ 每个迭代结束后，把这个迭代完成的成果交给客户做需求确认，如果不满足客户需求及时在下一个迭代中修改，避免在项目后期产品交付的时候与客户需求有大的偏差；

⑦ 每个迭代持续进行，直到产品开发结束，完成交付。

(4) 面临的问题

① 敏捷开发提倡先完成市场收益率最高的工作，这样容易导致敏捷团队过于看重眼前的利益，而忽视了产品发展的长远目标；

② 敏捷开发团队对团队成员素质要求很高，要求每名团队成员都要非常专业并且要能够积极主动的自我管理。但面临的现状往往是团队成员水平参差不齐，工作的态度也是因人而异，往往不能达到敏捷开发要求的标准。

(5) 解决方法

① 敏捷团队应该放眼长远目标，不能只关注对眼前收益率大的目标；

② 敏捷开发的价值观提倡谦逊和勇气，团队成员互信互助，而不是互相指责批评；自己能够认识到自己的不足，并且主动要求进步，遇到困难的时候主动寻求团队帮助。

(6) 主要收益

① 团队自我管理，团队成员的责任感和主观能动性增强；

② 团队成员不再各自为战，团队联系更加紧密；

③ 每个迭代都将成果与客户做确认，避免了项目后期较严重的需求变更的风险；不断的自我反省，自我激励，成员能力得到提升。

4.4 确定冲刺计划

4.4.1 定义和特性说明

冲刺会议的目的：Scrum 团队和产品负责人共同决定在接下来的冲刺周期内的目标以及哪些功能和任务需要完成。

冲刺会议参加的最主要角色：产品负责人、Scrum 主管、Scrum 团队以及其他对产品感兴趣的人(比如管理层人员和客户代表)。

主要角色的职责是：

(1) 产品负责人：从产品待办列表中挑选高优先级的任务，并与 Scrum 团队一起决定在这个冲刺中需要完成多少功能。

(2) 开发团队：将这些功能分解成小的模块。开发团队成员详细讨论如何才能按需求完成这些功能模块，并估计完成每个功能模块所需的大概时间。

冲刺会议的主要输入：产品待办列表(Product Backlog)、团队的能力。

冲刺会议的主要输出：冲刺待办列表、用户故事、任务、每个任务的估计时间、完成标准。

4.4.2 应用说明

整个冲刺会议分为两个部分：

(1) 解决本次冲刺要完成哪些需求；

(2) 解决这些选择的需求如何被完成。

在第一部分的冲刺会议中，产品负责人向团队描述最高优先级的一些功能，团队成员详细询问功能涉及的各个细节，并决定哪些功能可以从产品待办列表放入在冲刺待办列表中完成。产品负责人和团队共同定义本次冲刺的目标，并最终在冲刺结束的评审会议中以冲刺目标是否被完成作为本次冲刺是否成功的标准。在第二部分的冲刺会议中，Scrum 开发团队集体讨论放入本次冲刺的需求如何实现，并决定最终有多少需求可以承诺在本次冲刺内完成。

4.4.3 案例说明

(1) 项目基本信息

互联网 B/S 架构应用系统，每个月发布一个新的版本，得到客户反馈后调整需求列表并进行下一次的迭代。

(2) 组织结构

8个人的团队,1个DBA,1个架构师,5个开发人员,1个测试人员。

(3) 面临的问题

每次冲刺计划会议可以让团队更好的了解需求,并提出更加合理的承诺。

(4) 解决方法

① 冲刺会议的第一部分

- 产品负责人会向团队介绍半年之内的路线图。
- 团队内部进行分组,明确至少两个人对某个或某几个功能重点关注(对相关业务熟悉的和不熟悉的组成一组)。
- 产品负责人向团队介绍优先级最高的一些需求背后的用例,包括正常流程、异常流程。此时团队有任何细节问题都可以通过向产品负责人提问来获得答案。界面原型也是讨论的一个方面。以报表为例,此时就增加了如何排序等细节。同时完成各个需求的最主要验收标准。

② 冲刺会议的第二部分

- 按照冲刺目标中的各项需求拆分出相应的任务,确保考虑到工作中3个关键的细节:编码、测试和文档。
- 如果任务需时超过一天,尝试将此任务分解为几个小任务,任务的推荐分解粒度是2~8小时。如果有多个非常小的任务,例如Bug修改,可以几个合在一起作为一个较大的任务。任务完成的时间以没有任何外界干扰为前提。
- 通过分解任务判断评估需求最后的工作量。
- 功能通过认领的方式落实到人。关键的里程碑、检查点也已经确认,目的是让团队所有人对项目的进展有总体的把握。
- 团队确认冲刺的承诺。

(5) 主要收益

团队的承诺更加科学,同时和产品负责人目标一致,可以形成更多的信任。

4.5 燃尽图

4.5.1 定义和特性说明

燃尽图是在项目完成之前,对需要完成工作的一种可视化表示,如图4-3所示。燃尽图有一个Y轴(工作)和一个X轴(时间)。理想情况下,该图表是一个向下趋势的曲线,随着剩余工作的完成,"烧尽"至零。燃尽图提供工作进展的一个公共视图。一般的,如果没有特别说明,燃尽图反映的是一个迭代(或冲刺)之内工作完成的情况。但同时,也可以应用于整个产品的燃尽情况，以用于了解整个产品的开发进程（但由于产品待办列表是不断维护、渐进明细的，产品燃尽图的精准程度和迭代的燃尽图很难相比）。

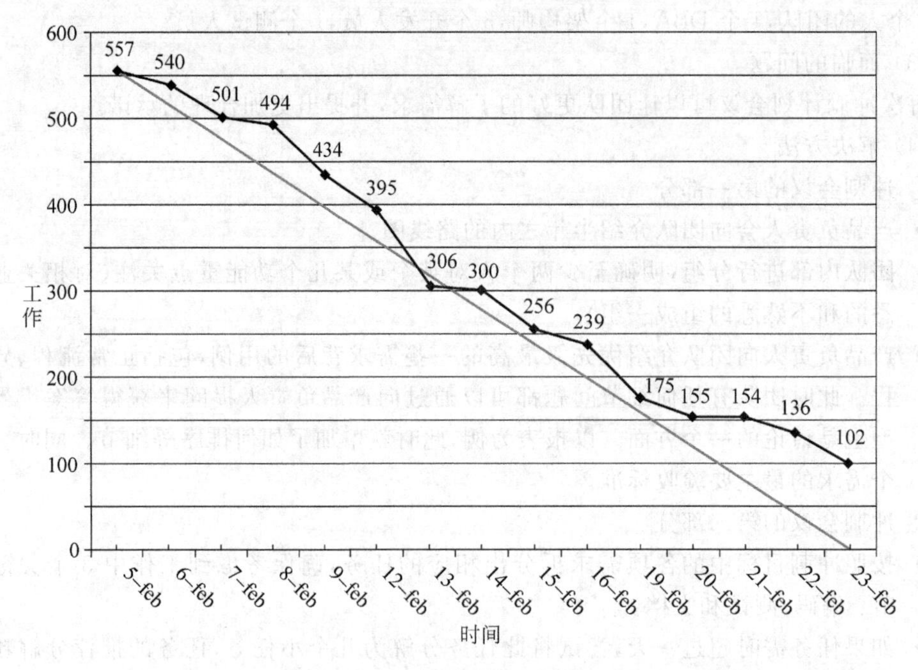

图 4-3 燃尽图示例

常见燃尽图有 3 类，分别是燃烧剩余工作量，燃烧剩余故事点，燃烧剩余用户故事的个数。燃尽图的更新频率通常是每天一次。

使用燃尽图的方式容易达成以下效果。

- 高可视性，直观展示进度情况和剩余工作。
- 快速识别风险。
- 帮助团队建立信心，了解自己的能力。
- 与任务墙能非常高效地匹配使用。

4.5.2 应用说明

燃尽图的绘制需要与迭代估计和定期跟踪（一般是每日，也有与每日站立会议一起）配合使用。

燃尽图的常见问题如下。

(1) 无法正确地填写燃尽图

在敏捷施行之初，这个问题很常见，燃尽图无法反映出明确真实的完成情况，而仅凭讲解与说明得出结论。因此，源头在于团队成员没有完全把握工作完成情况与估计。缓解这个问题的主要办法是利用客观有高度可操作性的“完成定义”(Definition of Done),只有当具体条目满足完成定义时,才可以把相关任务或故事点燃尽。

需要着重说明的一点,燃尽图更新时的出发点是“剩余多少工作量”,而不是“已做完多少工作”。建议每次更新时,团队都实事求是地重新估算还有多少工作量未完成,而不是简单地用首次估算出的总量减去昨天完成的任务量。这样做的细致差别是可以最大程度地避免初期估算的不准确造成的隐患,并能充分识别当下的风险。

(2) 只关注开发工作量,遗漏测试工作量(及其他)

在一个开发团队中可能包括一个测试人员,并且开发本身有自己的测试工作量,此时燃尽图统计的应该是所有成员所有工作的工作量完成情况,也包括临时增减的任务,因此图表随时在变化。所有这些都应该认真考虑,并且填入工作量。

(3) 中途加班的情况

燃尽图关注的是剩余工作,加班后,需要重新估算后续所需的工作是多少,并且把新的估算反映到燃尽图中。

(4) 无法达成如何控制

对于讲究时间箱的敏捷而言,如果在燃尽图上判断出时间节点到达时可能无法开发完所有原计划的功能,首先推荐的是把预计无法完成的功能放到下一个迭代继续开发(而非加班完成)。功能出现增减,燃尽图体现相应变化。

(5) 燃尽图的更新是谁的责任

燃尽图的更新是团队的责任(而非 Scrum 主管的职责),因为燃尽图是团队的资产,用于了解现状、引导后续工作。

常见工具分两类。

(1) 白板手绘。

(2) ScrumWorks 工具软件:提供了较强大的可视化报表功能,整个产品的燃尽图可以通过任务板中任务状态变化自动形成。

4.5.3 案例说明

案例:EA 的某企业应用程序开发。

(1) 项目基本信息

企业应用程序开发(Customized Ent App) + ETL + Reporting

- 团队规模:23 人,3 个 Scrum 团队。
- 环境:.NET,ETL (Informatica),Reporting (Cognos)。

(2) 组织结构

Scrum of Scrum

(3) 面临的问题

基于理想时(Ideal Hours)的燃尽图不能准确体现真实状态。

(4) 解决方法

- 使用故事点估算。
- 为每个故事定义清晰的完成标准(Definition of Done)。
- 使用基于故事点的燃尽图。

(5) 主要收益

准确,清晰的进度度量。

4.6 每日站立会议

4.6.1 定义和特性说明

团队每天站着召开的短时间会议称之为每日站立会议,英文称呼为“Daily Scrum”、“Stand-up Meeting”等。

每日站立会议旨在让团队统一目标,协调并解决团队内部的问题,绝非进度汇报。每日站立会议也同时有助于每个团队成员专注于每天需要完成的任务上。

会议主持人(比如 Scrum 主管、轮值者、教练、团队协调者)确保会议的举行,并控制会议时间,使团队成员进行简短有效的汇报。

会议上每个成员需要回答 3 个问题:昨天都完成了哪些工作?今天准备完成哪些工作?工作中遇到了什么问题?

回答的形式与目的不是向领导汇报工作,而是团队成员之间相互交流,共同了解项目情况和共同解决问题。

每日站立会议的时间一般不超过 15 分钟。

团队外成员也可以参与,但没有发言权。

通过每天面对面的沟通可以达到如下目标。

- 快速同步进度,让组内成员相互了解彼此进展,从而了解本项目的整体进展。
- 给团队成员一种精神激励,对每日的工作目标信守承诺。
- 了解工作障碍。Scrum 主管了解团队成员面临的障碍,进而快速排除。
- 培养团队文化,让每个人意识到大家是“整个团队在一同战斗”。

4.6.2 应用说明

每日站立会议要求有效、快速,通常建议作为团队每天早上的第一件事进行,这样可以让每个人在每天一开始就考虑清楚自己昨天做了什么,今天计划做什么。同时,更是将这些信息传递给团队,大家共同识别问题和风险,考察是否需要安排协同工作。

团队成员需要全部参与每日站立会议,如果有人不能亲临现场参加会议,需要通过电话参加或请其他团队成员代为回答3个问题。

所有的团队成员需自觉按时到场,会议主持人要按照预定的时间按时开始会议,而不管是否有人还没到。对于迟到的人员要有一些惩罚措施,比如缴纳罚金或做俯卧撑等。惩罚措施和数量由团队成员事先共同商定,如果是罚金,如何支配也由团队共同决定。

每日站立会议应尽可能在同一时间、同一地点召开,最好的方式是在团队的可视化的任务板前面召开。任务板上可以看到当前冲刺的燃尽图和冲刺中各个任务的状态。

在会议开始之前或者会议中,各团队成员在任务板上更新他负责的任务的状态,使每个人都可以清晰看到当前的进展情况。在实际操作中,会议中状态更新会比较多,这样做的好处是:第一,更新的内容和口头的信息匹配,其他人对发言者的信息内容更清晰;第二,避免任何蒙混过关的行为,给项目留隐患;第三,能提供前后状态的对比。

召开会议时,由会议主持人确定发言的顺序并控制会议的节奏。每个团队成员在发言时,应专注于回答"昨天都完成了哪些工作?今天准备完成什么?工作中遇到了什么问题?"这3个问题,而不是回答技术细节。成员在回答3个问题时目光要注视着大家,而不是只向会议主持人,避免变相为向领导汇报工作。

某位团队成员在发言期间,其他人员应认真倾听,如有疑问可简短确认,但不应做过多讨论。如果对某位成员的报告内容感兴趣或需要其他成员的帮助,任何人都可以在每日站立会议结束后即刻召集相关感兴趣的人员进行进一步的讨论。

会议期间,团队外成员(Chickens)不宜过多,且应该站在外圈,以免影响团队会议。除不能发言外,也不能做出影响会议进行的行为和举动,如相互讨论或闲聊。如违反这些要求,会议主持人或Scrum主管需要制止或将其请离会场。

会议过程中,Scrum主管应记录每位团队成员汇报的障碍,并在会议结束后尽快帮助他们解决。

4.6.3 案例说明

案例1:来自用友的医疗基层卫生服务系统产品研发的项目

(1) 项目基本信息

医疗基层卫生服务系统产品研发。

- 团队规模:20人。
- 环境:Java、用友UAP。

(2) 组织结构

矩阵式组织架构,包括需求、用户界面设计、开发、测试来自不同部门的人员组成产品团队,参照Scrum组织架构,产品项目经理为Scrum主管。

(3) 面临的问题

产品研发小组内部或小组之间沟通交流不够,导致需求已完成但设计人员不清楚迟迟不开始的情况,或设计的内容与需求不符,到开发出来才被发现,导致修改工作量大。

(4) 解决方法

采用每日站立会议,加强沟通,团队成员互动,了解相互的情况、问题、计划,及时发现协作之间不一致的问题。

(5) 主要收益

产品研发流程运转效率大大提升,研发过程中的问题和困难都能及时得到解决。

案例 2: 来自石化盈科的某企业能耗评价项目

(1) 项目基本信息

在企业能耗评价系统二期开发项目中使用 Scrum 模型,每次冲刺周期相对固定,约为 2 周,要求团队快速响应。

- 团队规模: 7 人。
- 环境: VSTS 2010 & SQL server。

(2) 组织结构

Scrum 组织结构: 1 名产品负责人,1 名 Scrum 主管及 5 名团队开发/测试人员。

(3) 面临的问题

团队成员彼此间不熟悉,为第一次合作。工位相对分散,公司会议室资源紧张。

(4) 解决方法

每日上午召开站立会议,一般选择刚上班的时间,地点随机。各团队成员分别汇报自己的工作情况,轮流发言,内容围绕着 3 个方面(我昨天完成了什么? 我今天准备做什么? 我当前工作遇到了哪些问题?)。

Scrum 主管负责主持会议,记录并跟踪大家提出的问题。面临来自团队外干扰时由 Scrum 主管出面协调。

(5) 主要收益

- 通过每日站立会议增进了团队成员之间的了解。
- 有效地提高了团队的信息沟通。
- 有利于及时发现项目问题。
- 提高了团队开发效率。

4.7 任务板

4.7.1 定义和特性说明

任务板(Task board,也称为“任务墙”)展示了在迭代的过程中所有要完成的任务,如图 4-4 和图 4-5 所示。在迭代的过程中要不断地更新它。如果某个开发人员想到了一个任务就可以把这个任务写下来放在任务板上。无论每日站立会议中或者之后,如果估计发生了变化,任务会根据变化在任务墙上做相应地调整。

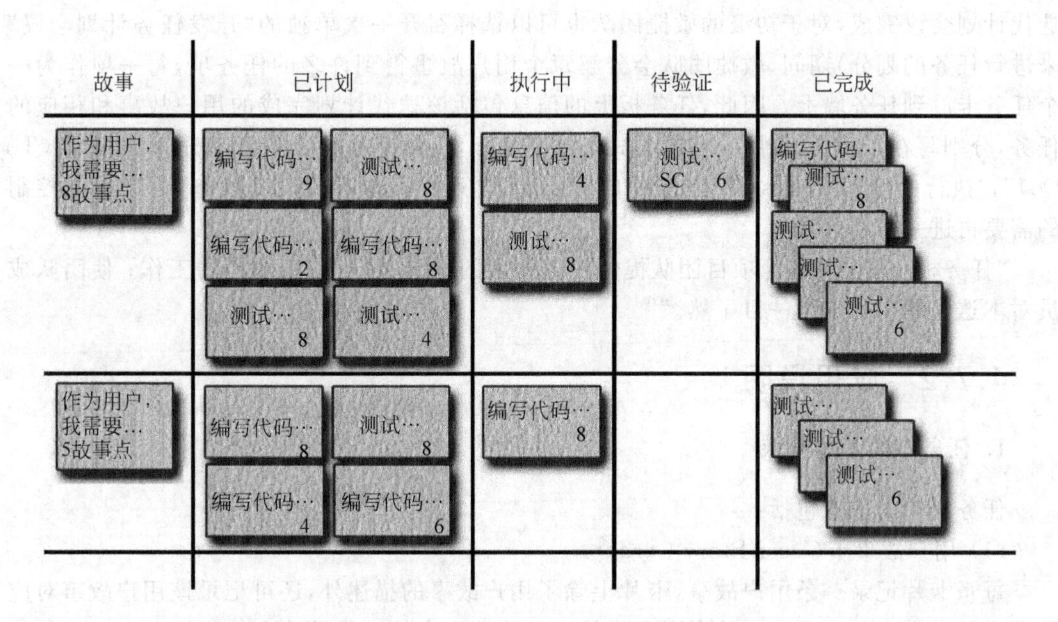

图 4-4 任务板

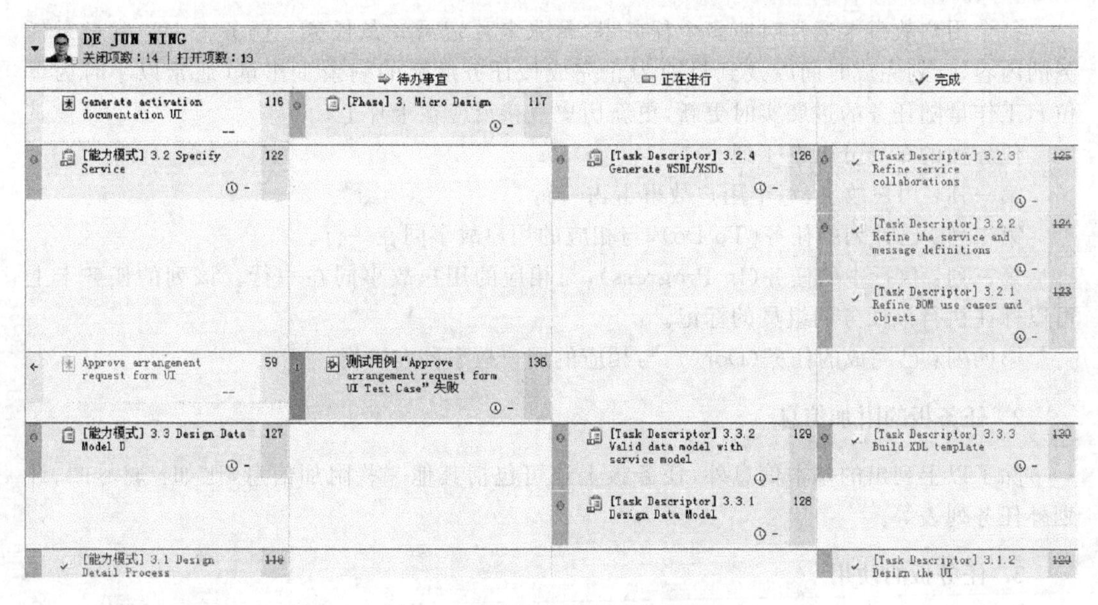

图 4-5 电子任务板(原程序界面)

任务板通常设立于项目团队日常工作的公共空间的一面墙上，可以是一大块白板、软木板或者一块干净的墙面。任务板被横竖分割成许多格子，每一行代表一产品待办列表中的待办事项，也可以称做一个用户故事，在迭代计划会议(用户故事到开发任务的分解可以在迭代计划会议完成,对于初级的敏捷团队也可以选择召开一次单独的“开发任务计划会议”来进行任务的划分)期间,敏捷团队会分解每个用户故事得到许多的任务项,每一项作为一个任务卡放到任务墙上。因此,任务板上的信息包括该迭代计划完成的用户故事和相应的任务,分别写在卡片上,按照一定的方式贴在任务板上,最基本的状态可以分为“已计划(To Do)”,“执行中(In Progress)”和“已完成(Done)”3 列。其中“执行中”状态,可以根据控制的需要再进一步划分。

“任务板一箭双雕:为项目团队提供一个便利的工具,用于管理他们的工作;使团队成员对本迭代剩余的工作一目了然。”[①]

4.7.2 应用说明

1. 任务板的基本构成

任务板中的信息包括:

(1) 用户故事卡(User Story Card)

每张卡片记录一条用户故事,卡片上除了用户故事的描述外,还可记录该用户故事对应的用户故事点(Story Point,是由团队成员一起估算出来的工作量综合单位)。

(2) 任务卡(Task Card)

每个用户故事卡通常对应多个任务卡,每张卡片记录一条任务。任务卡上通常记录任务的内容,计划完成时间以及到目前为止完成该任务所需的剩余工作量(通常以小时为单位),工作量随任务的进展实时更新,更新历史直接反应在卡片上。

任务板的布局分以下 4 列。

第一列:用户故事,每个用户故事卡占一行。

第二列:已计划的任务(To Do),与相应的用户故事同在一行。

第三列:执行中的任务(In Progress),与相应的用户故事同在一行。该列的任务卡上可以标注执行该任务的组员的标记。

第四列:已完成的任务(Done),与相应的用户故事同在一行。

2. 任务板的附加信息

除了以上列出的基本信息外,任务板上还可包括其他一些附加信息,比如:燃尽图、计划外任务列表等。

3. 任务板的使用

1) 任务板的初始化

任务板中的初始信息(故事卡、所有任务卡,包括估算信息)应该在迭代计划会议之后,

---

① Mike Cohn. Agile Estimating and Planning. New Jersey: Pearson Education, 2005

第一次每日站立会议之前准备好。

2）任务板的更新

团队成员随着任务的进展随时更新任务卡，包括下列内容。

（1）当开始一个新的任务时，将该任务从“已计划”列移到“进行中”列，并且加上自己的标识，如与初始的估算不同，则更新到目前为止完成该任务所需的剩余工作量（小时）；

（2）在每次站立会议之前或当中，更新自己所执行任务的剩余工作量（注意：由于初始估计的偏差，或又遇到新的问题，此时的数值有可能比之前的计划数值大或者相近）；

（3）当某个任务完成后，将该任务卡移到“已完成”一栏中。

3）任务板的跟踪

通过任务板，团队成员可以直观地看到该迭代中所有任务的执行情况，是否有某些优先级较高的任务一直没人认领、是否某个任务出现了什么问题（长期处于“进行中”状态）。团队成员时刻都能直观地看到本迭代还有哪些任务需要完成。

4.7.3　案例说明

案例 1：英孚教育任务板

（1）项目基本信息

整个团队都能随时看到的大白板。

（2）组织结构

团队所有人员。

（3）面临的问题

开发过程中，无论是管理项目的领导还是团队成员都希望有一个地方能让他们简单而快速地观察项目的进度，并且能在困难发生前看出问题，争取提早解决。

传统的计划管理方式，不仅在更新上费时，同时也并不是每个人都会想到去看，也不是每个开发人员都看得懂。

（4）解决方法

项目任务板。它被选在一个项目组成员都能方便看到的地方，可能是小办公室门口，也可能是必经的路口，上面贴满了任务表，并且随着进度的更新，变换着状态。无论是谁，都可以轻而易举的结合看板上的 3 个模块，获得项目当前的状态。

（5）主要收益

- 提升团队成员协作效率，容易看到别人正在进行的任务。
- 对于任何问题，能方便地找到责任人。
- 帮助 Scrum 主管预估所会遇到的困难与阻碍。
- 让团队时刻能处理手头的障碍，并能看到障碍被解决的预期时间，以便合理安排自己的时间。
- 老板无需和团队沟通，就能知道团队的进度。
- 让团队意识到自己当前的进度，调整开发速度。

• 瓶颈的消除，团队变得积极，因为谁都不会想在事故板(Action Board)看到自己的名字。

案例 2：银行客户事业部任务板

(1) 项目基本信息

在开发某银行资金交易系统的过程中，使用任务板来展现任务、分配任务。团队成员接收到分配的任务后，即时更改任务状态。

• 团队规模：6 人。
• 环境：NC5.6 平台 & Oracle 10g。

(2) 组织结构

标准 Scrum 组织架构。

(3) 面临的问题

任务的状态更新不及时，造成项目进度失真。

(4) 解决方法

任务板的进度状态在每天的站立会议中进行核实。

(5) 主要收益

通过使用任务板，团队成员能够更加明确自己的开发任务，同时项目管理人员也能够通过任务板的状态变化更加直观地了解项目的进度和开发情况，使项目的可视化程度大大加强。

4.8 故事点估算

4.8.1 定义和特性说明

故事点是表述一个用户故事、一项功能或一件工作整体大小的一种度量单位。当使用故事点进行估算时，要为待估算的每一项设定一个数值。这个值本身的数字并不重要，重要的是这些故事点之间通过各自数值对比体现出了相对规模。例如，一个被赋予“2”的用户故事，其大小应当是一个被赋予“1”的用户故事的两倍。

“当使用故事点来估算用户故事的大小时，并没有固定的公式来规定如何计算故事点的数值。故事点估算用于评估交付一个用户故事所包含的工作量(Team Effort)、用户故事的复杂度(Complexity)、风险以及所有其他需要考虑的元素。”[①]

从上述定义中，可以看到有关“故事点”需要重点关注的两个特性。

(1) 它是一个相对单位。比如，不同的组织团队，对于同样的用户故事的故事点大小一般是不同的；即使同一团队，针对不同用户故事的故事点大小，甚至是针对同一用户故事的故事点大小，都是允许不同的。但同时提醒，不同团队不同用户故事的故事点的设定，有利于组织能力的积累和横向参考。

① Mike Cohn. Agile Estimating and Planning. New Jersey: Pearson Education, 2005

(2) 故事点估算不能简单等同于工作量估算。(如 Mike Cohn 所描述)它包含工作量、技术含量、各方面制约等多方面价值因素。有时这些其他因素在故事点估算中占有的比重会胜过工作量方面的考虑。

4.8.2 应用说明

在敏捷开发中,最典型的使用故事点做估算的方法是计划扑克法(Planning Poker)。同时另一种更新的估算方法——敏捷估算法 2.0(Agile Estimating 2.0),也正被越来越多的敏捷团队采用。

1. 计划扑克法

计划扑克法由 James Grenning 在 2002 年首次提出。计划扑克法集合了专家意见(Expert Opinion),类比(Analogy)以及分解(Disaggregation)这 3 种常用的估算方法,使团队通过一个愉快的过程快速而准确的得出估算结果。

计划扑克法的参与者是团队的所有成员。典型的敏捷团队规模推荐为 7±2 人,如规模比较大可以考虑拆分成为多个小团队各自独立进行估算。产品负责人也需要参加,但不参与估算。

计划扑克法开始时,每个参与估算的组员都会得到一副计划扑克,每一张牌上写有一个菲波拉契数字(典型的计划扑克由 13 张牌组成:?,0,1/2,1,2,3,5,8,13,20,40,100,∞,其中?代表信息不够无法估算,∞代表该用户故事太大)。

开始对一个用户故事进行估算时,首先由产品负责人介绍这个用户故事。过程中产品负责人回答组员任何关于该用户故事的问题。展开讨论时主持人(通常由 Scrum 主管担任)应注意控制时间与细节程度,只要团队觉得对用户故事信息已经了解到可以估算了,就应当中止讨论开始估算。

所有问题都被澄清后,每一个组员从扑克中挑选自己觉得可以表达这个用户故事大小的一张牌,但是不亮牌,也不让别的组员知道自己的分数。所有人都准备好后,主持人发口令让所有人同时亮牌,并保证每个人的估算值都可以被其他人清楚地看到。

经常会出现不同组员亮出的分值差距很大的现象。当出现有很多不同分值的时候,出分最高的人和出分最低的人需要向整个团队解释出分的依据(主持人需要注意控制会议氛围,避免出现意见不一导致的攻击性言论)。所有的讨论应集中于出分者的想法是否值得团队其他成员进行更深入的思考。

随后全组可以针对这些想法进行几分钟的自由讨论。讨论之后,团队进行下一轮的全组估算。一般来说,很多用户故事在进行第二轮估算的时候就能得到一个全组统一的分值,但是如果不能达到全组意见一致,那就重复地进行下一轮直到得到统一结论。

2. 敏捷估算法 2.0

计划扑克法是 Scrum 团队应用最广泛的敏捷估算方法，但是有时候计划扑克法耗费比较多的时间，尤其是在 10 人左右的团队中。Ken Schwaber 在他的 *Agile Project Management with Scrum* 一书中指出，在进行迭代规划时，迭代计划环节应该控制为一个 4 小时的固定时间，但是从战术的角度看，如果一个会议持续 4 小时，大部分的参会者会精疲力竭，并且很难保持持久的注意力。

为了解决这个问题，Brad Swanson 和 Björn Jensen 在上海 Scrum Gathering（2010/4/19）上介绍了敏捷估算法 2.0 技术。这个新的估算技术同样基于专家意见、类比和分解，同样适用菲波拉契数列，但是它可以显著地缩短会议时间。

第一步，是由产品负责人向团队介绍每一个用户故事，确保所有需求相关的问题都在做估算前得到解决。

第二步，是整个团队一起参与这个游戏。只有一个简单的游戏规则：一次仅由一个人将一个用户故事卡放在白板的合适位置上：规模小的故事在左，大的在右，一样大的竖向排成一列。整个团队轮流移动故事卡，直到整个团队都认同白板上的故事卡的排序为止。

第三步，是团队将故事点（Story Point）分配给每个用户故事（列）。最简单的做法是使用投票来决定每个用户故事分配到哪一个菲波拉契数字。

最后一步，是使用不同颜色来区分影响估算大小的不同方面，并且重新考虑是否需要修改估算值。例如使用红色来表示那些无法被自动化测试脚本覆盖的用户故事，因此，那些用户故事需要一个更大的数字来容纳手工回归测试的代价。

在国内，一些企业多次实践敏捷估算法 2.0 之后，反馈的结果还是令人兴奋的。这些企业团队对于估算的准确性更有信心了，并且只耗费原先一半的时间。

4.8.3 案例说明

案例 1

（1）项目基本信息

B2B 电子商务系统，集成的开发/测试团队（7 人），一周的迭代，标准 J2EE 开发技术。

（2）组织结构

标准 Scrum 结构。

（3）面临的问题

冲刺计划中估算不准确。

（4）解决方法

使用计划扑克法进行故事点估算。

（5）主要收益

故事点的估算较时间估算更准确，得到团队速率的数据，全组目标一致，每个冲刺提高速率。

案例 2

(1) 项目基本信息

在线教育平台,大型团队(共 7 个小团队),3 周的迭代,.NET + ETL + Reporting。

(2) 组织结构

Scrum of Scrums。

(3) 面临的问题

冲刺计划会议时间太长。

(4) 解决方法

使用敏捷估算法 2.0 进行故事点估算。

(5) 主要收益

对于单个团队运行 3 周的冲刺,冲刺计划会议时间由 3 小时缩短到 1.5 小时,估算更准确。

4.9 应用生命周期管理概述

4.9.1 定义与特性说明

应用生命周期管理(Application Lifecycle Management,ALM)已经提出多年,是指软件开发从需求分析开始,历经项目规划、开发过程、测试管理、软件发布、上线运营,直至产品淘汰。基于 Forrester 公司对 ALM 的定义,它强调如下 3 个概念。

- 过程自动化。强化跨各个环节的流程自动化。
- 可追踪性。管理各个环节中使用或产生的开发工件之间的关联关系。
- 报告。能够展现整个生命周期开发成果的进展报告。

可以看出,ALM 真正给企业带来的价值,并不仅仅是每个环节能力的提高和改进,而是对于整个软件开发过程中所涉及的人员、工具、流程以及信息的整合和协同。所谓协同,也就是打破每个环节的孤岛现状,让其中的数据、工具和信息能够关联起来。这也是很多企业正在尝试的、关键性的一步。

然而,如果仅靠工具层面的集成来实现协同,只能带来有限的价值,企业可以享受到部分过程自动化、工件追踪关系、关联的报告,但却要付出相当大的由于"硬"关联而产生的代价:

- 每个工具的 API 格式都不尽相同,集成的复杂度随着工具数量的增加而急剧增加。
- 每个工具或环节的流程无法集成。
- 对集成以后工具集合的管理和维护量相当大。

应用生命周期管理强调"完整团队",提倡在开发软件过程中,项目各阶段信息的共享、覆盖到所有团队成员；时刻保证在任何一个时期，团队目标一致，使得项目得以健康推进。

协同应用生命周期管理（Collaborative Application Lifecycle Management，CALM）在强调 ALM 的过程自动化、可追踪性和报告能力之外，强调敏捷开发的团队协作概念，从而将开发过程所涉及的人员、流程和信息关联起来。如果企业实现了 CALM，不仅可以回答 ALM 中关于协同的简单问题，如：哪些需求关联到这个工作项上？在这次构建中，哪些需求被验证、被实现了？

由于底层数据的统一和整合，CALM 还可以回答更进一步的问题，如：在当前开发的轨道上，我们做得如何？目前项目的健康状态如何？这个项目有没有可能按时交付？

实现了 CALM，敏捷开发团队就可以通过强大的协作能力、自动化能力、过程透明化能力，不断优化应用/系统的交付过程和交付效率，提高应用/系统的质量，并有效管控风险和成本，通过 IT 创新为快速高质量地实现业务创新提供推动力。

4.9.2 应用说明

应用协作式应用生命周期管理的最佳实践必备的 5 大要素。

1. 实时计划

在传统意义上进行软件开发时，需求规划、开发计划及测试计划全都相互分离、各部分单独进行管理。虽然设有项目经理，但实质上根本无法回答诸如“我们完成了吗?”这样的问题。而相比于让各个小组及个体相互分离，实时计划保证整个团队在统一发布规划的框架下，针对迭代计划交给整个团队动态完成，包括每个团队成员任务的更改和分配、执行进度的更新等。通过使用生命周期查询和项目仪表板，团队能立即查看项目当前发生的任何变化，并迅速做出响应。

2. 全生命周期追踪

全生命周期追踪有助于了解在整个开发过程中，随着迭代的逐步推进，整个项目的进度和质量状态。通过将相关信息链接起来，团队就能更好地回答诸如“哪些需求受到缺陷的影响?”和“哪些工作项已经准备好测试?”之类的问题。当产生新的需求变更时，全生命周期追踪能够帮助快速完成变更影响性分析。当系统发生缺陷时，全生命周期追踪也能有助于快速定位和诊断问题。我们不希望依赖那些创建之后却很快过时的报告或表格来维护全生命周期各种工件的追踪关系，相反，希望利用一个协作式应用生命周期管理系统，能够自动帮助我们建立各种工件间的追踪关系，直接在计划中显示追踪链，使监管合规性审计方便得多。

开发经理和开发人员，都应该对整体项目运行情况有清晰的了解，并对质量负起责任。可以通过开发任务的需求覆盖、测试覆盖作为入口来实现这一点，如图 4-6 所示。要确保每一个开发任务，都是针对一定需求而展开的，测试团队都应该建立起对应的测试用例。图中所标示的一个开发任务，没有实现任何需求、也没有测试用例对其进行测试。这难道不是一个问题？开发经理和开发人员，就可以利用这张追踪图，进入到该开发任务中，了解真正的原因。如果没有底层数据的关联，这样的问题，就变得非常难以发现。

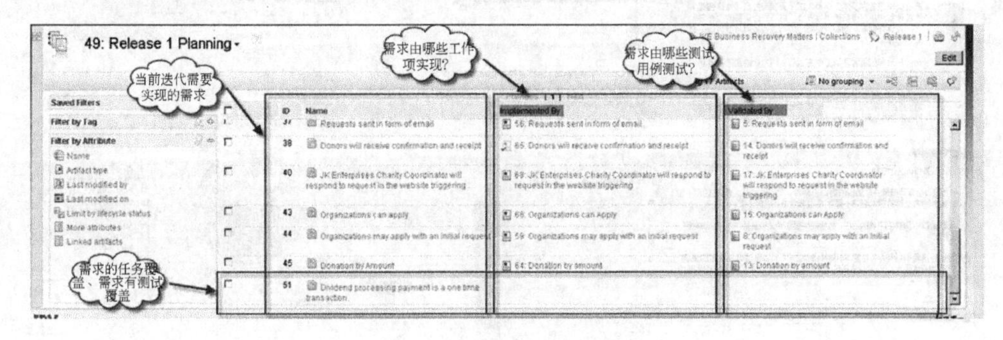

图 4-6　全生命周期追踪

3. 基于上下文的协作

基于上下文的协作是指在项目中所有的项目成员能够基于同样的上下文环境实时开展协作的能力。当前，越来越多的团队处于地理分布状态，如何能够为这些跨地域团队提供一个没有地理距离的协作环境，是提高团队效率和项目成功的重要保证。应用生命周期管理倡导完整团队在一个统一的、整合的中央数据源基础上进行协同工作，使得大家工作的数据与任务内容是一致的、并能动态更新和互相关联。这会促使开发的效率大大提高，并减少了沟通成本。

很多时候，通过电子邮件进行对话会弄不清讨论的前后关系，或者对话内容很有可能在邮箱中丢失不见。凭借前后协作功能，决策结果能在工具中被记录下来，并且能够链接回到促使这些决策形成的对话内容、过程与依据。它大大提高了决策的速度及透明度，而且就算在不同的时区相互配合或工作，协作都可以很容易。

4. 智能开发

针对软件项目的调查分析显示，那些实行严格指标来衡量的项目，其成功率要远远高于不进行衡量的项目。然而，根据权威机构的调查，有 50％的组织并不对质量、生产率和完整性进行度量。要实现智能化开发，就要能够改善和设定有意义的衡量指标。熟练使用协作式应用生命周期管理工具，可以直接收集来自团队活动的数据，然后不断改进和寻找能够改变团队行为的方式，并逐步达到这些衡量指标的要求。这样，当准备对外发布软件时，就有了更强的信心来交付更可靠及更高品质的软件。

举例说明协作式生命周期管理仪表盘，如图 4-7 所示，它包括了：迭代燃尽图、版本燃尽图、需求开发覆盖率、需求测试覆盖率、缺陷到达率、缺陷积压速率、故事点的分布统计、团队迭代速率等。

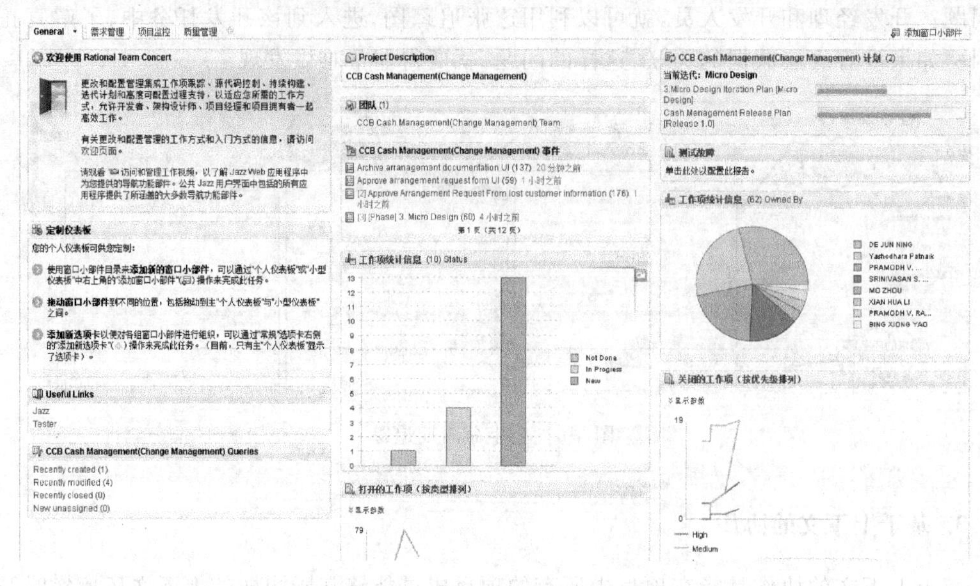

图 4-7 生命周期管理仪表盘

5. 持续改进

成功的应用生命周期管理，其中一个关键就是给当前正在从事的项目确定一个合适的流程。开发人员不希望自己陷入一个流程过于繁复的境况中。而且，在工作过程中，要能够在工具中实时更改这个流程，并继续鼓励团队表现出所期望的行为。同时，如果发现团队工作有往错误的方向发展的趋势，应能够对该流程进行调整，帮助扭转团队局势。

成功的应用生命周期管理离不开平台支持，在这方面业界领先的工具主要有 IBM Rational Team Concert 和 Jira。

4.9.3 案例说明

以 IBM 的一个软件开发项目为例，介绍协作式应用生命周期管理平台是如何帮助敏捷开发团队实现计划、交付价值并预防风险的。

(1) 项目基本信息(场景)

软件协作平台产品开发项目中使用迭代式软件开发。

项目基本信息如下：

团队规模：200＋人，分布在 7 个地点。

环境：Windows/Linux/AIX Java/Rational Team Concert 协作平台。

(2) 组织结构

二级团队：项目管理委员会和组件(Component)团队。

三层计划(Release,Iteration,Daily)。

在项目管理委员会(PMC)和组件团队采用Scrum方法。

一个大项目经理管理整个项目群,每个人都是技术人员。

(3) 面临的问题

发布周期短、市场需求不断变化、团队生产力不足。

团队分布在全球不同的7个地点,需要解决跨地域的团队协作和沟通。

(4) 解决方法

采用协作应用生命周期管理方法,基于Rational Team Concert(RTC)打造统一的跨地域团队协作平台,基于内置的Scrum敏捷开发方法,采用迭代式开发、多级项目规划、持续集成和完整团队敏捷实践,全面实现了软件开发过程的自动化、全生命周期的追踪、动态项目规划和基于上下文的团队透明协作开发(自动化报告能力)。通过RTC内置的Web 2.0协作能力,包括Wiki,即时通信及RSS Feed等,很好地解决了地域分布团队的沟通协作难题。

(5) 主要收益

在过去3年内提高团队生产力15%;

软件按时发布率提升13%;

缺陷减少10%。

4.10 独立的敏捷服务团队

4.10.1 定义和特性说明

一个组织中通常会有多个跨职能的小的敏捷团队,对于这些小的团队来说,势必会有一些共享的资源和公共性的工作,比如共享的DBA,用户体验设计师,系统级的架构师及分析师,配置管理员,系统性能或安全性方面的专家等,对于这些公共的资源,通常的做法是将他们放在一个服务型的敏捷团队当中为其他的敏捷团队提供服务,在Scrum中通常称之为元Scrum(Meta Scrum)。

另外,在有些组织中,由于技术债务的存在,比如自动化单元测试、自动化系统测试不足,敏捷研发团队或者Scrum团队很难在一个迭代中达到真正可交付,在这种情况下,如果企业迫于项目交付的压力,不能够马上换掉这些债务的时候,作为折中的办法,可以考虑设立一个独立的服务式的测试团队,通过人工手段来弥补自动化测试的不足,并且由他们来逐步的补全自动化测试。

4.10.2 应用说明

在一些大型的系统或产品的研发中,设置独立的敏捷服务团队是非常有必要的,实施过程中需要注意如下两点。

(1) 服务团队是为其他的敏捷团队服务的,为他们解决公共的或专业性的问题,目标是让其他敏捷团队专注于产品功能的研发。

(2) 独立的服务式测试团队的目的是用来弥补自动化测试的不足以及还债,真正的质量保证是由敏捷团队来完成的。敏捷团队仍然是跨职能的自管理团队,敏捷团队要确保新的特性开发不产生新的债务,当敏捷团队在迭代当中能够做到交付的质量保证时,可以不再需要独立的测试团队。

第5章 敏捷开发之工程实践

5.1 持续集成

5.1.1 定义和特性说明

持续集成是一种敏捷软件开发的实践方法，指当开发人员完成编码工作后，通过自动化的构建（包括编译、部署和自动化测试等）来快速验证软件正确性的方法。持续集成的英文是 Continuous Integration，在敏捷语境下简称为 CI。

在持续集成中，团队成员频繁集成自身的工作成果，一般每人每天至少集成一次，也可以多次。每次集成会经过自动构建（包括自动测试）的验证，以便尽快发现集成错误。许多团队发现这种方法可以显著减少集成引起的问题，并可以加快团队合作模式下软件开发的速度。

持续集成的目的是自动化软件或部件之间的集成，并持续改进，从而使开发人员能够尽早发现和解决问题，交付高质量软件。

持续集成是在短时间迭代中交付稳定、可用的软件的关键。

1. 持续集成原则

（1）所有的开发人员需要在本地机器上做本地构建，然后再提交到版本控制库中。

（2）需要有专门的集成服务器来执行集成，每天可以执行多次集成。

（3）每次集成争取都要100%通过，如果集成失败，判断失败原因并及时修复，修复失败的集成是优先级最高的事情。

（4）每次成功的集成都可以生成可运行的软件。

2. 持续集成能够帮助开发团队应对如下挑战

(1) 软件构建自动化。使用 CI,只要按一下按钮,它会依照预先制定的时间表,或者为响应某一特定事件,开始进行一次构建过程。如果想取出源代码并生成构建,该过程也不会局限于某一特定 IDE、电脑或者个人。

(2) 持续自动的构建检查。CI 系统能够设定成持续地对新增或修改后嵌入的源代码执行构建,也就是说,当软件开发团队需要周期性的检查新增或修改后的代码时,CI 系统会不断要求确认这些新代码是否破坏了原有软件的成功构建。这减少了开发者们在手动检查彼此相互依存的代码中变化情况需要花费的时间和精力。

(3) 持续自动的构建测试

这个是构建检查的扩展部分,这个过程将确保当新增或修改代码时不会导致预先制定的一套测试方案在构建构件后失败。构建测试和构建检查一样,失败都会触发通知(Email,RSS 等)给相关的当事人,告知对方一次构建或者一些测试失败了。

(4) 构件生成后续过程的自动化

一旦自动化检查和测试的构建已经完成,一个软件构件的构建周期中可能也需要一些额外的任务,诸如生成文档、打包软件、部署构件到一个运行环境或者软件仓库,使构件能更迅速地提供给用户使用。

实现一个 CI 服务器需要的最低要求是,一个易获取的源代码仓库(包含源代码),一套构建脚本、流程和一系列围绕软件构建的可执行测试。

3. 关于自动构建

自动构建是持续集成的加速器。极限编程(XP)方法论主张持续集成。开发人员应当尽可能频繁地把代码集成进主干——典型的是几小时一次,同时还要确保所有单元测试都能通过,其他敏捷方法论也同意这个建议。自动构建与自动化单元测试则是持续集成中的最重要组成部分,所以自动构建是敏捷开发中的一个重要基础。

自动构建的内容一般包含以下几项:

(1) 版本管理工具。如 Git、Rational Team Concert、SVN、CVS 或 ClearCase 等,需要考虑版本管理工具如何与自动构建工具集成。

(2) 构建管理工具。自动构建工具需要与版本管理集成,即开发人员提交代码后,自动构建工具能够取得最新代码并自动编译构建。

(3) 反馈和报告。一个良好的敏捷开发环境本质特征就是尽可能的最大化小组成员间的信息流。每一个开发人员都需要尽快地知道何时构建过程失败,或者何处改动可能会对应用程序质量造成不良影响。如果构建过程失败了,那么首要工作就是要知道做了什么改动,以及为什么做这些改动。所有的这些信息都应当在开发人员敲击几下键盘后就能通过最直接的方式获得。自动构建成功与否,具体的错误信息等,需要一种方式来尽快获得构建结果的反馈报告,一般而言是邮件或及时消息。

5.1.2 应用说明

1. 建立持续集成环境

硬件和软件的准备和安装:

- 硬件包括用于建立持续集成系统的设备。
- 软件包括持续集成工具(Jenkins(原 Hudson)、BuildForge)、代码管理工具(RTC、SVN、GIT 等)、代码检查工具(PCLint、Checkstyle、Findbugs 等)、自动构建工具(ANT、Nant、Shell、Bat 等)、测试工具(CppCheck、Junit 等)、结果展示工具(各种 Report Plugin)等。

2. 建立持续集成过程

根据不同的项目类型,建立不同的持续集成过程,包括:

- 代码的更新方式
- 代码的构建方式
- 代码的检查/测试方式
- 构建产品的发布方式
- 构建结果的呈现方式

3. 持续集成结果的管理

- 持续集成结果通知
- 持续集成结果数据收集
- 代码质量问题数据收集

4. 代码质量度量

- 代码稳定性度量与分析
- 代码质量问题度量与分析

5. 并行持续集成有效实践

通常,持续集成由源代码提取(在大型项目中,代码可能由不同源代码库管理)、编译、单元测试、自动部署、构建验证测试等步骤完成。由于步骤间或步骤内可能存在依赖关系,持续集成只能串行完成,从而增加了时间成本。

这里介绍的是一种并行持续集成的成功实践和思路。ANT 提供了并行执行嵌套任务的功能,但是它不拥有任务间依赖检查的能力。而在实际开发中,ANT 任务之间经常会有依赖。通过定义和配置任务间依赖拓扑,并行执行嵌套任务,从而扩展 ANT 任务的并行能力,支持实现并行持续集成。

(1) 并行源代码集成。静态源代码模块之间没有依赖,源代码提取可以很方便地做到并行进行,以提高生产率。

(2) 并行自动化构建。模块之间在编译时可能会存在依赖关系。构建工程师通过定义工程间依赖拓扑,以实现并行编译。

(3) 并行单元测试。定义一个单元测试框架,为每个模块工程建立单元测试工程,从而实现并行单元测试。多个应用开发的并行持续集成。对于一个项目组,以上方法可以从单个应用开发的并行持续集成扩展为多个应用开发的并行持续集成。当应用 A 在进行步骤 1 和步骤 2 时,其他应用等待。当应用 A 在进行步骤 3 时,从等待列表中唤醒应用 B,应用 B 开始进行步骤 1 和步骤 2 等。构建工程师可以管理不同小组,通过定义线程数量,来进行多应用并行持续集成。

5.1.3 案例说明

案例 1:东软某事业部组织层面统一部署持续集成,取得很好的收益

(1) 项目基本信息(场景)

具备多种项目形态,人数过千的东软某事业部。

(2) 组织结构

矩阵型组织,事业部下设多个开发部,每个开发部下存在多个项目。

多项目:标准 Scrum 团队+以传统项目经理为核心的团队。

(3) 面临的问题

项目在开发过程中,每次版本发布前的编译和检查工作需要花费较长的时间,并时常伴随构建错误的发生;存在问题的代码经常被提交到代码库中;项目代码的稳定性无法被度量和保证。

(4) 解决方法

引入持续集成工具,对代码进行自动化构建,提升构建效率,并结合代码检查工具,如 PCLint、Checkstyle、Findbugs 等,自动对代码进行检查。同时对代码管理工具进行二次开发,在开发人员向代码库中提交代码时,触发代码检查工具对提交的代码进行检查,如果提交的代码中存在问题,则不允许向代码库中提交。并且在事业部层面搭建持续集成服务器,配置专门技术人员,供所有提出构建需求的项目选用。最后,建立代码质量度量网站,用于收集项目的持续集成结果和代码中的问题,并对代码的稳定性和质量进行度量与分析,将结果作为后续代码质量改善的参照。

(5) 主要收益

- 成本节约。持续集成工具每天/每周都会自动地对版本库中的代码进行构建(包括从代码版本库中取得代码、开发包和动态库的最新版本,编译代码和运行代码的静态检查工具等),整个构建过程不需要人工的参与,单次持续集成的效益已比较明显，并且通过聚少成多，多个项目为事业部带来了非常可观的效益。

- 代码质量提升，有利于持续改善。代码库中的代码质量得到了显著的提升，同时项目中代码的稳定性有了明显的提高，所以版本发布前的编译过程中基本不会出现问题。另一方面，项目中代码的稳定性得到了量化，通过持续集成工具，可以看到项目中的持续集成过程成功了几次，失败了几次，若成功的次数越高，则项目的稳定性越好。
- 为整个事业部建立集成工作的高效管理。通过建立代码质量度量网站，并通过图表的方式清晰的展现项目持续集成的成功率，如图 5-1 所示，随时了解项目中代码的稳定性。给事业部的管理层，提供了简洁有效的管理视图。

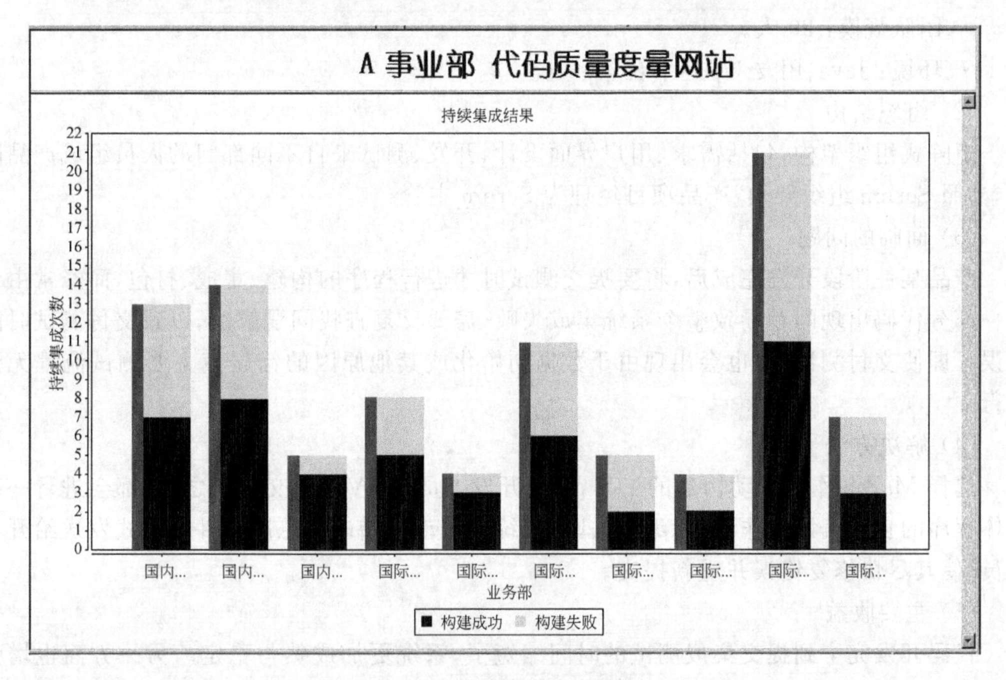

图 5-1 代码质量度量网站

案例 2：来自 IBM 的某项目

（1）项目基本信息

在一个在线报价和订单项目中采用敏捷软件开发，实现快速高质量交付。

- 团队规模：10 人。
- 环境：Java，Web。

（2）组织结构

标准 Scrum 组织架构。

（3）面临的问题

在敏捷实践中，持续集成的时间成本过大。

(4) 解决方法

实现并采用并行持续集成的方法和工具(BuildForge)。

主要活动:持续集成。

(5) 主要收益

持续集成时间缩短至原来的1/3,实现快速交付,提高了软件质量。

案例3:来自用友医疗基层卫生服务部门的案例

(1) 项目基本信息

用友医疗基层卫生服务系统产品。

- 团队规模:20人。
- 环境:Java、用友UAP平台。

(2) 组织结构

矩阵式组织架构,包括需求、用户界面设计、开发、测试来自不同部门的人员组成产品团队,参照Scrum组织架构,产品项目经理为Scrum主管。

(3) 面临的问题

产品某一阶段开发完成后,将要提交测试时才进行程序的构建、集成、打包,而经常由于某一部分代码出现问题导致整个系统集成失败,需要反复查找问题解决,以致交付测试时间延误。即使交付测试后,也会出现由于数据初始化或其他原因的错误使主要测试流程无法进行。

(4) 解决方法

选择Maven作为自动构建的工具,每次开发人员在SVN提交代码之后,都会进行一次整体程序的自动编译工作,如果编译失败,系统会自动将错误信息以邮件的形式发送给开发人员,使其尽快修复错误并重新提交。

(5) 主要收益

代码开发完毕到提交集成测试的时间缩短了,系统更加成熟与稳定。另一方面也增强了开发人员的代码规范与质量意识,能够随时保证输出优秀的代码和程序。

5.2 验收测试驱动开发

5.2.1 定义和特性说明

验收测试驱动开发(Acceptance Test Driven Development,ATDD)是测试驱动开发核心理念的一个扩展,是指在用测试驱动开发实现某个具体功能之前,首先编写功能测试或验收测试用例,从系统功能角度来驱动开发过程。

ATDD能有效促进客户、测试人员和开发人员之间的交流协作。通过增量式开发软件,用面向客户的测试作为讨论和反馈的基础,ATDD能使整个团队紧密协作。依照客户指定的优先级，在整个项目过程中不断开发出可用的具体功能，赢得客户信任并增强自信，交流也因相互之间有了共同语言而更加高效。

5.2.2　应用说明

ATDD周期包含挑选用户故事，为故事写测试，实现测试以及最后实现故事这4个步骤。

(1) 挑选用户故事

迭代开始前的计划会议，这个会议中，客户会决定下一个迭代该做哪些故事，以及给故事排优先级。一般情况下可先选择较高优先级的用户故事。

(2) 为故事写测试

在为故事编写测试的时候，客户是最适合写验收测试的人。而在实际情况下，因为客户参与度和技能问题，可行的方式是由客户、开发人员、测试人员共同参与编写验收测试，给故事拟出一系列测试。在编写测试用例时只关注完成故事必须要做的几件事情，形成简单的清单，以后在具体实现故事或者验收测试时再细化测试，添加更多细节，讨论各部分如何工作，确定客户对界面是否有特别的要求等。根据功能的类型，对应的测试可以是一组顺序操作，或者是一组输入及对应的输出。另外在故事的实现过程中还难免会发现原有测试外的新的测试，合埋的做法是，在征求客户意见后，应该把新的验收测试加入到清单中。

(3) 实现测试

在完成验收测试编写后，就需要把验收测试转化成可执行的验收测试，这时候，团队常会引入一些相对成熟的测试框架及商业化自动化测试工具。这些框架和工具一般可划分为API级别功能测试(如采用Fit和FitNesse框架)和自动化GUI测试(如可采用关键字驱动框架和商业自动化工具等)，团队可以根据开发的应用及团队自身情况选择使用其中一种或组合使用。API级别功能测试，使团队能够在不牵涉UI层的情况下测试业务逻辑。而在实际自动化GUI测试中，团队所采用的自动化测试框架(通常需要团队自行开发)针对GUI测试的成熟度尤其重要。良好的框架可以通过测试用例、对象、数据的分离，大大减少因为频繁的界面变化而对原有自动化脚本的影响。

(4) 实现故事

实现新功能，让新加入的验收测试通过。ATDD本身并不会限制实现功能的方式，不过使用ATDD的人通常倾向于在实现过程中采用TDD方式。这样在代码层面，采用TDD方法以测试驱动的方式编写代码。在软件的特性和功能层面，使用ATDD方法以测试驱动的方式构建系统，这两个不同层面上结合使用测试驱动，既能保证软件的内部质量同时又能保证开发出的软件满足正确的功能需求。

5.2.3 案例说明

案例：IBM中国开发实验室某项目

（1）项目基本信息

某内部管理平台，采用B/S架构，使用迭代式软件开发，迭代周期为3周，要求测试团队能迅速反馈系统质量。

- 团队规模：10人。
- 环境：Java。

（2）组织结构

标准Scrum组织架构。

（3）面临的问题

难以有效开展系统功能测试，每次迭代后界面变化比较大，传统自动化工具录制的脚本维护工作量大，难以快速反馈系统质量状况。

（4）解决方法

采用验收测试驱动开发实践，引入针对业务功能的自动化GUI测试（关键字驱动框架＋IBM自动化测试软件Rational Functional Tester）。

（5）主要收益

- ATDD保证了故事实现质量的及时反馈，保证开发出的软件满足正确的功能需求。
- ATDD通过编写验收测试清晰定义了故事完成标准，让团队“知道我们在哪儿”及“知道何时停止”。
- ATDD让团队（客户、开发人员、测试人员等）为一个目标努力，创造了协作性更强的环境。

5.3 结对编程

5.3.1 定义和特性说明

在敏捷软件开发的各种实践中，结对编程（Pair Programming）是有争议的一项实践。相比于其他敏捷软件开发方法的火热及它们带来的成效，结对编程可以说褒贬不一。从实用角度出发，可以秉承结对编程的优秀核心理念和思想，将其中的实践框架加以改造，让结对编程更适合工作流程和习惯，最终成功实践并提升研发效率和质量。

1. 结对编程定义及特性

两位程序员形成结对小组，肩并肩地坐在同一台电脑前合作完成同一个设计、同一个算法、同一段代码或同一组测试。

结对编程从代码质量角度来看,可以视为一种敏捷化的代码检查(Code Review),其最终目标是提高软件产品的质量。代码检查工作是公认的提高软件产品质量的重要活动之一,但在实践中,成功应用的也并不多见,原因是传统的代码检查方法只能在某个功能完全开发完毕后才进行检查,效率不高。而更大的问题是,检查人对被检查人的代码所实现的业务功能并不十分清楚,所以只能检查代码的格式、语法是否规范,对实现逻辑是否满足业务需求往往无法检查。这导致了很多企业和团队的代码检查都流于形式。

结对编程就解决了这一问题,它不需要代码都写完才开始检查,而是在两个人相互协作过程中,实时的进行多次交叉检查,大大提高了效率,而且因为两人同时完成设计和代码,对业务需求也都了解,所以检查时可以验证代码是否满足了需求、是否符合业务逻辑。但是,传统的结对编程模式也有一些显而易见的问题导致其难以实践,例如,人们担心两人用一台电脑做同样一件事情,是不是浪费了人力资源?两个人的个性、习惯、水平都不同,在对等的地位上同时做一件事情会不会产生冲突和矛盾?他们之间的沟通和协作会顺畅吗?会不会感到不自在?

2. 改进结对编程定义及特性

基于结对编程,进行定制和改进,两位程序员形成结对小组,每人一台电脑,坐在临近的工位上,两人合作完成一组功能(可以是两个或多个独立的模块)的设计、代码实现。但对于某一个模块来说设计和代码是分开的,一个人负责设计,另一个人负责写代码,对于其他模块则反之。当某个功能阶段性完成后,由其设计人员对代码进行检查。目前,很多敏捷开发的倡导者们都在积极地寻找可实践的结对编程的变形体,以打破结对编程这种看上去很美,摸上去扎手的情况。而上述这种形式的改进型结对编程,也是几经探索总结出来的一种可实践的结对编程形式,并在产品团队中成功应用。它继承了结对编程的核心理念,让代码检查更加高效、深入。也在两人合作模式上,更适应实际工作情况和工作习惯,以做到真正的可实践、可应用。

5.3.2　应用说明

在改进的结对编程中,两名开发人员结对形成一个小组,临近而坐,共同负责一组功能模块,在具体的某个功能或任务上,两个人所扮演的角色是有承接关系的,一个是设计者、另一个是开发者,一个是审查者、另一个是被审查者。在单个点上,两人互不干扰,独立运行,都有自己的发挥空间。而在总体上,两人又形成一个整体,要分别对对方的设计和代码熟悉了解、审查及负责,而且两个人的关系又是平等的,因为设计与开发、审查与被审查对于两个人来说都是相互的。这样就能够让两人在工作中共同协作,提高效率和质量,同时又避免了一些可能会产生的冲突与矛盾。

改进的结对编程的设计环节,也是敏捷化的。敏捷开发与传统瀑布型开发一个很重要的区别是：在研发活动中各环节流转的承接时，瀑布型开发是以文档为主，思想交流与沟通为辅。而敏捷开发是以思想的交流与沟通为主，文档为辅。所以在瀑布型开发中，对设计文档的格式和规范等要求比较高。而敏捷开发中的设计文档，只是要描述清楚设计思想，并作为一个辅助手段，将关键内容留存作为依据即可，除了规定的对外提交的各种文档外，不需要规范的模板。可以根据设计者的习惯，以最高效的形式描述清楚设计内容，并且清晰明确即可。在结对编程的实践中，所涉及的设计文档的书写，都是以此种方式进行的。

5.3.3 案例说明

案例：来自用友医疗基层卫生服务部门的案例

(1) 项目基本信息

用友医疗基层卫生服务系统产品。

- 团队规模：20 人。
- 环境：Java、用友 UAP 平台。

(2) 组织结构

矩阵式组织架构，包括需求、用户界面设计、开发、测试来自不同部门的人员组成产品团队，参照 Scrum 组织架构，产品项目经理为 Scrum 主管。

(3) 面临的问题

产品开发人员对相互业务不了解，产品代码质量不高，如果团队人员变动，开发活动接续困难。

(4) 解决方法

采用改进后的结对编程方法，如图 5-2 所示。举例说明，两个开发人员甲和乙，形成结对编程小组，共同负责两个功能 A 和 B。工作开始，甲进行 A 的设计工作，并给出设计文档。乙进行 B 的设计工作，并给出设计文档。两人的设计工作完成后，互相阅读对方设计文档并进行交流，两人要保证对对方的设计内容了解清楚，并指出对方文档中描述不当的地方让其修改，最终保证设计内容是清晰明确的，而且甲、乙两人对 A、B 功能的设计都熟悉明确并思想一致。接下来开始代码开发工作，甲按照乙的设计文档开发功能 B，乙按照甲的设计文档开发功能 A。代码开发工作进行到某个段落后，甲对乙开发的功能 A 代码进行审查，检查代码格式和规范以及代码实现是否符合甲设计的业务逻辑，如有问题，则请乙进行修改并复查，乙同样反过来对 B 进行审查，直到代码开发完毕，A、B 两个功能都进行过多次审查和修改，而且甲、乙两人都确认两个代码是合格的，并符合业务需求。这样，功能 A、B 的设计和代码实现就是由甲、乙共同协作完成的，两人共同对两个功能负责，并且两人对两个功能的设计和实现都清楚，更为重要的是甲、乙两人的工作是相互并行配合的，不会产生冲突，更为容易推广施行。

(5) 主要收益

按照可实践的结对编程模式完成软件开发，不仅高效地完成了代码检查，提升了软件质量，还带来了一些其他的好处。

(1) 每个模块至少两个人熟悉，这样即使有人请假也会有备份，不会造成工作进度的耽误。如果有人要离职，交接工作通常也会非常轻松，几乎没有什么需要特别交接的。

(2) 进行结对的两个开发人员相互阅读设计文档和代码实现，实际也是一个相互学习的过程，所以结对编程也起到了一些知识传播、培训的作用。

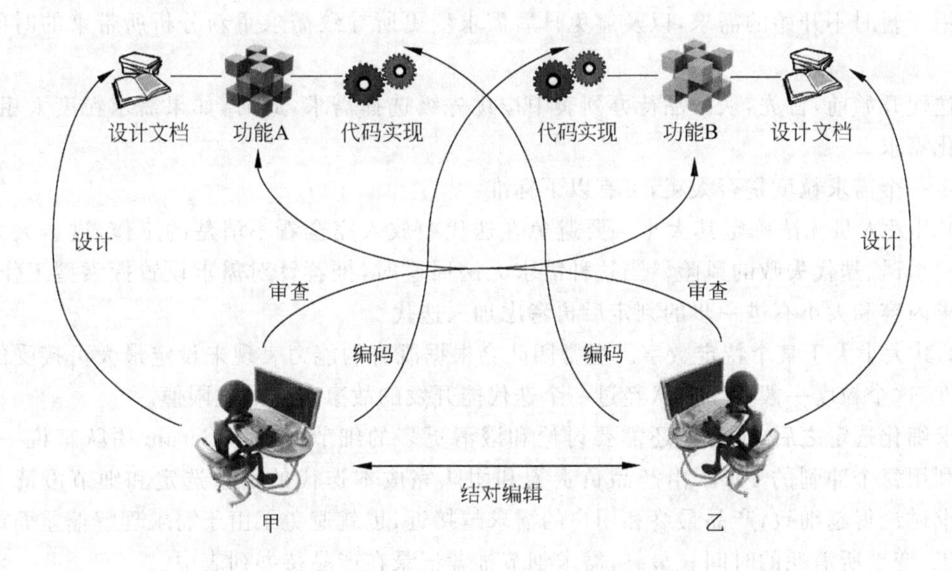

图 5-2 敏捷结对编程方法

5.4 产品待办列表

5.4.1 定义和特性说明

产品待办列表在 Scrum 中，称为 Product Backlog，是一张记录用户需求的列表，包括产品所有需要的特征。产品待办列表中的每一项通常包含了需求标题、内容描述、优先级和估算等特征。产品负责人负责需求清单的内容、可用性和优先级。

在整个项目开发生命周期内，产品待办列表是动态的，需要不断维护，它允许经常发生变化以确保产品需求更合理、更具价值以具备竞争力。因此，产品待办列表可能永远不会是全面的、彻底的，而其最初的版本只列出最关键及确定的需求。

5.4.2 应用说明

产品待办列表是团队成员了解产品概貌的基本手段，并依此为入口详细理解需求，引导开发。同时各干系人可根据产品待办列表的变化(如产品燃尽图)了解项目进展和产品功能的实现情况等。

在项目开始初期,通常推荐只记录最粗粒度的需求并给出大致的优先级。优先级的标示可使用数字,比如数字越大代表优先级越高,初始给出的优先级间应留有一定的空间,便于日后添加介于两者优先级之间的需求。在项目初期不强求细化需求,其原因在于可避免将时间用于暂时不开始的需求,以及避免日后需求变更所导致需求重新分析所带来的时间浪费。

在迭代开始前,首先,从产品待办列表中按优先级选择需求,此时,如果需求粒度太粗,则先细化需求。

确定一个需求粒度是否太粗,可有以下标准:

(1) 开发人员无法确定其大小。要避免在迭代中放入完全看不清楚的工作,这会大大增加无法承诺、迭代失败的风险。当这种需求无法回避时,推荐针对需求设置探索型工作,以对需求内容和大小有进一步的判定后再考虑加入迭代。

(2) 其大小大于某个特定数字。通常团队会根据既有的能力表现来设定最大可接受的需求粒度,这个粒度一般等于团队经过一个迭代能开发的故事点数的上限值。

需求细化选定之后,很可能还需要讨论和澄清更多的细节。对于 Scrum 团队来说,一般推荐利用每个冲刺的 10%,由产品负责人和团队完成本迭代的需求选定和细节澄清工作。需求讨论得越细致,产品最终和用户的需求越接近,也就避免了由于需求理解偏差而产生的返工、变更所消耗的时间。最终,需求细节推荐记录在产品待办列表中。

如有新需求或需求变更,可由产品负责人随时更新产品待办列表。但同时,要充分兼顾"迭代内工作目标不发生变化"(可简称 No Change)的敏捷工作原则,新需求或者需求变更在下一个迭代开始前呈现给团队,而不是在迭代中要求团队立即予以考虑和对应。

5.4.3 案例说明

案例 1:来自汤森路透的某个项目

(1) 项目基本信息

在某自动化处理配置应用中,通过制定、维护产品待办列表,在分解需求的同时,使得开发人员对项目有了总体的了解,避免了需求理解偏差以及需求变更所造成的浪费。

(2) 组织结构

标准 Scrum 组织架构。

(3) 面临的问题

项目大,需求粒度大,变更多,需求需要进一步挖掘。

(4) 解决方法

维护产品待办列表;需求早期为粗粒度需求,迭代开始前细化高优先级需求,基于细粒度需求详细讨论。

(5) 主要收益

由于有维护良好的产品待办列表和充分的沟通,项目开发工程中基本没有返工,以及不必要的资源浪费,及时满足了客户的需求。

案例 2:来自石化盈科的离线油品调和软件

(1) 项目基本信息

在离线油品调和软件开发项目中使用 Scrum 模型,迭代周期设为 2 周。项目基本信息如下:

- 团队规模:9 人。
- 环境:VS 2010 & SQL Server 2008。

(2) 组织结构

Scrum 组织结构:1 名产品负责人,1 名 Scrum 主管及 7 名团队开发/测试人员。

(3) 面临的问题

早期需求不稳定,用户意见零散,业务目标不明确。传统的需求文档表述繁琐,后期维护的工程较大。

(4) 解决方法

用产品待办列表作为产品的需求规格。周期性收集用户的业务需求并表述为用户故事。与团队成员一同建立和细化用户故事。每一次迭代结束后,与用户确认,对产品待办列表进行维护。

(5) 主要收益

用产品待办列表和用户故事取代传统的需求规格说明书。表述清晰明确,团队成员易于理解,易于维护。

5.5 用户故事

5.5.1 定义和特性说明

1. 用户故事简介

用户故事(User Story)是敏捷开发中描述产品待办列表的一种方法,它描述了产品/项目实现的具体功能,真正以用户的视角来表述希望产品/项目提供哪些功能或特性。通常由客户、产品经理或者需求人员来编写,开发人员也可以编写一些非功能的用户故事,比如安全、性能、质量等层面。为了辅助用户故事的编写,建议使用标准的格式:

作为<某个角色>,我希望<实现某项功能>,以便<带来何种价值>

例如:作为一个用户,我希望在每次退出系统前得到是否保存的提示,以便所有内容都被成功存储。

用户故事使用贴近用户的语言来描述需求，简洁易懂，而每个用户故事的商业价值则为确定用户故事的优先级提供了量化的参考。和用户故事配合使用的是验收测试(Acceptance Testing)，编写用户故事的人员同时负责测试点的编写，这些验证点方便后期衡量该故事是否被正确实现，另外，和用户故事相配合使用的概念还有：故事点(Story Point)、用户故事的优先级、团队速率等。

2. 使用用户故事采集需求

需要注意的是，用户故事本身并不足以详细描述需求本身。敏捷价值观强调"个体和互动高于流程和工具"；"工作的软件高于详尽的文档"。用户故事采用卡片(纸质的或电子的均可)的形式，用简单明了的一两句话，提醒 Scrum 团队使用面对面沟通的方式，与产品负责人交谈并了解用户故事背后的需求详情。

3. 使用用户验收测试确认需求

即便是敏捷开发也需要确认所有角色对需求的理解是正确并一致。与传统的确认方法不同，Scrum 并不推荐使用文档的方式记录确认后的需求，而是鼓励针对每一个用户故事，由产品负责人负责，团队协助，编写若干简单明了、无二义性的用户验收测试用例(User Acceptance Test Case)，作为对用户故事的确认。

一个用户验收测试用例的例子：

作为一个被授权的用户，我想要登录电子邮箱系统，使我可以访问我的邮件。

验收测试 1：输入已授权用户的正确电子邮箱地址与正确的密码，应能成功登录系统。

验收测试 2：输入未授权用户的正确电子邮箱地址与正确的密码，应无法登录系统，并提示"此邮件账户尚未开通或激活，请联系系统管理员"。

验收测试 3：输入格式非法的电子邮箱地址，光标离开电子邮箱输入框时系统应提示"不正确的电子邮箱格式"，同时"登录"按钮不可用。

验收测试 4：在密码输入框中键入内容时，每个字符应显示为"*"。

验收测试 5：输入已授权用户的正确电子邮箱地址后，连续输入 3 次错误的密码后，从第 4 次尝试输入新密码时，系统应要求输入验证码。

这样做的好处：

(1) 测试用例无二义性，结果只有"通过"与"不通过"两种，可有效避免使用文字描述需求时可能发生的理解偏差。

(2) 所有角色(产品负责人、开发、测试、业务分析等)均使用同一套测试用例，提高需求理解一致性。

(3) 需求发生变化时，产品负责人需要同步更新用户验收测试用例，确保信息与团队同步(参见"测试驱动开发"章节)。

4. 用户故事的层面

软件的复杂度决定需求往往是有层次的。团队也可以根据项目需要为用户故事设置层面以便于团队更好的分解工作。

Mike Cohn 推荐了一种可用的3级层次结构：

Epics　史诗故事
　Themes　情景故事
　　User Story　用户故事

5.5.2 应用说明

尽量在项目的开始阶段，尝试找出所有的用户故事，为每一个用户故事评估故事点(Story Point)和优先级。

在发布计划会议上，由产品经理和团队共同负责，从产品待办列表中选出高优先级的、数量合适的(由团队速率决定)用户故事，制定迭代计划。

在迭代计划会议上，将本迭代需要实现的用户故事分解为工作任务，由团队成员认领并承诺在规定的时间内完成。每一个迭代完成后，召开评审会议，与产品负责人进行用户故事的确认(结合验收测试)，对于确认通过的用户故事，可以将关联的工作任务关闭；对于确认未通过的用户故事，由产品负责人重排优先级并决定在哪一个迭代中实现。

补充说明：可以把用户故事写在一张张小卡片上，同时在卡片上标明它的优先级和预计完成时间，张贴在墙上(通常称为故事墙)，以方便敏捷团队实时查看和沟通。

5.5.3 案例说明

案例 1：

(1) 项目基本信息

在开发某银行资金交易系统的过程中，需要有一种有效的沟通手段，能让需求分析人员和开发人员都能够明白客户的需求和意图，这就要求这种沟通手段既不能太偏重于业务背景又不能太偏重于技术名词，通过用户故事能够很好地解决这一问题。

- 团队规模：6人。
- 环境：NC5.6平台 & Oracle 10g。

(2) 组织结构

标准 Scrum 架构。

(3) 面临的问题

用户故事难以编写，并且会占用开发人员的工作量。

(4) 解决方法

- 用户故事的形式要简单，这样才可以很容易地掌握编写它的方法。

- 应该由与项目相关的领域专家们来写用户故事，而不是开发人员。
- 用户故事有一个标准的格式：作为＜某个角色＞，我可以＜做什么＞，以完成＜什么目的＞。

(5) 主要收益

通过使用用户故事来描述用户需求的每一个用例，使业务需求人员能够更好地表达客户需求，开发人员也能够最大程度地理解需求人员的意图，使沟通效率大大加强。

案例 2：

(1) 项目基本信息

在企业能耗评价系统二期开发项目中使用 Scrum 模型，每次冲刺周期相对固定，约为 2 周左右，要求团队快速响应。

- 团队规模：7 人。
- 环境：VSTS 2010 & SQL Server。

(2) 组织结构

Scrum 组织结构。1 名产品负责人，1 名 Scrum 主管及 5 名团队开发/测试人员。

(3) 面临的问题

- 团队成员对业务知识掌握不够。
- 产品负责人公务繁多，还负责其他项目，不可能实时支持项目的全过程。

(4) 解决方法

每次冲刺前先召开计划会议，由 Scrum 主管主持，会议之前产品负责人确认本次冲刺所涉及的用户故事。计划会议一般选择在周二的上午进行，时间为半天到一天。

计划会议上，产品负责人向项目成员详细解说每一个用户故事，确保团队成员准确把握用户需求；产品负责人通常还会在计划会议上给团队成员培训业务知识，各成员进行学习与交流。

(5) 主要收益

- 在冲刺计划时，团队成员与产品负责人就用户故事的理解达成共识，降低了开发过程中由于误解需求造成返工的风险。
- 团队成员聚集在一起学习业务知识，有助于业务能力的提高，加强彼此之间的交流与沟通。

5.6 TDD(测试驱动开发)

5.6.1 定义和特性说明

测试驱动的开发是敏捷开发的核心最佳实践之一，是一种不同于传统软件开发流程的新型开发方法。强调在开发过程中，首先开发测试用例，然后开发代码，而开发代码的目的或者说目标就是测试通过这些测试用例。该方法通过测试来推动整个开发的进行。这有助于编写简洁可用和高质量的代码，并加速开发过程。

测试驱动开发不是一种测试技术，它是一种分析技术、设计技术，更是一种组织所有开发活动的技术。相对于传统的结构化开发过程方法，它具有以下优势：

(1) TDD根据客户需求编写测试用例，对功能的过程和接口都进行了设计，而且这种从使用者角度对代码进行的设计通常更符合后期开发的需求，而且更关注用户反馈，可以及时响应需求变更，同时因为是从使用者角度出发的简单设计，也可以更快地适应变化。

(2) 出于易测试和测试独立性的要求，将促进实现松耦合的设计，并更多地依赖于接口而非具体的类，提高系统的可扩展性和抗变性。而且TDD明显地缩短了设计决策的反馈循环，使我们在几秒或几分钟之内就能获得反馈。

(3) 将测试工作提到编码之前，并频繁地运行所有测试，可以尽量地避免和尽早地发现错误，极大地降低了后续测试及修复的成本，提高了代码的质量。在测试的保护下，不断重构代码，以消除重复设计，优化设计结构，提高了代码的重用性，从而提高了软件产品的质量。

(4) TDD提供了持续的回归测试，使我们拥有重构的勇气，由于代码的改动而导致系统其他部分产生任何异常，测试都会立刻通知我们。完整的测试会帮助我们持续地跟踪整个系统的状态，因此不需要担心会产生什么不可预知的副作用了。

(5) TDD所产生的单元测试代码就是最完美的开发者文档，它们展示了所有的应用程序接口该如何使用以及如何运作的，而且它们与工作代码保持同步，永远是最新的。

(6) TDD可以减轻压力、降低忧虑、提高我们对代码的信心、使我们拥有重构的勇气，这些都是快乐工作的重要前提。

5.6.2 应用说明

采用测试驱动的开发，你需要通过编写一个单一的测试，然后就是编写刚好够用的代码来通过这个测试。当你需要给你的系统添加新的功能时，需要完成以下的步骤，如图5-3所示。

编写TestCase	-->	实现TestCase	-->	重构
(确定范围和目标)		(增加功能)		(提升设计)

图5-3 测试驱动开发步骤

- 快速新增一个测试用例。
- 编译所有代码(刚刚写的那个测试很可能编译不通过)。
- 做尽可能少的改动，让编译通过。
- 运行所有的测试，发现最新的测试不能通过。

- 做尽可能少的改动,让测试通过。
- 运行所有的测试,保证每个都能通过。
- 重构代码,以消除重复设计。

5.6.3 案例说明

案例1:石化盈科某软件开发项目

(1) 项目基本信息

- 团队规模:7人。
- 环境:VSTS 2010 & SQL Server。

(2) 组织结构

Scrum 组织结构,1名产品负责人,1名 Scrum 主管及4名团队开发人员。另配置一名软件功能测试人员,来自测试部门。

(3) 面临的问题

- 开发人员中有一名为工作年限短的新毕业大学生,对测试代码的设计能力把握不足。
- 要求随时提供可运行程序。
- 功能测试人员通常在系统集成之后才进入项目工作,把握需求的准确度不高。

(4) 解决方法

- 项目团队内部自发组织单元测试的学习与培训。
- 在编写完单元测试代码后,编写程序代码,用单元测试代码驱动程序代码的编写。
- 将单元测试发现的代码编写问题更新到代码规范中,在项目团队中共享。
- 功能测试人员参与计划会议,充分理解每一项用户故事,对表述不当的地方尽早提出改进建议,在开发人员编写单元测试用例的同时根据用户故事开始编写功能测试用例。
- 通过每日构建测试,保证服务器代码的稳定性和高质量。

(5) 主要收益

- 通过测试驱动开发,尽早发现程序中存在的缺陷,提升了研发效率。
- 大大提高了代码质量。
- 提高了测试效率。
- 团队成员在学习过程中得到了能力提升,培养了良好的编程习惯。

案例2:EA公司 B2B 电子商务平台开发项目

(1) 项目基本信息

- B2B 电子商务平台开发。
- 环境:Java,PHP+Drupal。

(2) 组织结构

标准 Scrum 组织架构,团队规模: 7～15 人不等。

(3) 面临的问题

传统需求文档驱动开发无法良好的驱动 Scrum 模型。

(4) 解决方法

使用 TDD: 编写测试用例取代需求文档; 不同层次的测试用例驱动 TDD 开发活动,测试自动化。

(5) 主要收益

精炼、有序的需求文档,敏捷的相应需求变更,需求与测试驱动开发无缝衔接。

5.7 单元测试

5.7.1 定义和特性说明

单元测试是开发者编写的一小段代码,用于检验被测代码的一个很小的、很明确的功能是否正确。通常而言,一个单元测试是用于判断某个特定条件(或者场景)下某个特定函数的行为。

单元测试是由程序员自己来完成,最终受益的也是程序员自己。可以这么说,程序员有责任编写功能代码,同时也就有责任为自己的代码执行单元测试。执行单元测试,就是为了证明这段代码的行为和预期的一致。

敏捷中的单元测试是持续集成的重要组成部分之一,一个自动化的单元测试过程能够很大程度的提升效率,保证产品成熟度,而且做好单元测试更能符合敏捷中"自组织"与"可交付的软件"的特性,从而避免出现开发人员只负责写完代码,不关心产品质量与交付水准的现象,而测试工作就应该是"测试人员"的情况。

5.7.2 应用说明

单元测试更适合自动化,因为它更独立和明确,不必考虑复杂的业务流程和业务逻辑,大多数只需要在自动化的过程中关心某一个功能"通过"或"不通过"即可。

单元测试也是极限编程、测试驱动等工程实践的基础,其依赖于自动化的单元测试框架。自动化的单元测试框架可以来源于第三方,如 XUnit,也可以由开发组自己创建。

首先,编写单元测试用例以验证软件需求或展现软件缺陷; 然后,开发人员遵循测试要求编写最简单的代码去满足它,直到测试得以通过。

系统中大多数代码都要求经过单元测试,但并非所有代码路径都必须单元测试。极限编程强调"测试所有可能中断"的策略,而传统方法是"测试所有执行路径",这使得极限编程开发人员比传统开发少写单元测试，但这并不是问题。不争的事实是传统方法很少完全遵循完整地测试所有执行路径的要求，因为完备测试通常需要昂贵的代价和时间消耗。极限编程提供了如何有效地将有限资源集中投入到问题关键的导引。

至关重要的，测试代码应视为第一个项目成品，与实现代码维持同等级别的质量要求，开发人员在提交程序单元代码时一并提交单元测试代码到代码库。彻底的极限编程单元测试代码提供上述单元测试的收益，如简化和更可信的程序开发和重构、简化代码集成、精确的文档和模块化的设计。而且，单元测试经常作为复合测试的一种形式被运行。

5.8 演进式架构

5.8.1 定义和特性说明

架构工作主要用来分析影响解决方案的主要技术问题，捕获主要架构决定，以及在整个架构工作中很好地评估和沟通这些架构决定。演进式架构主要关注如何增量地建立和完善软件架构，在软件开发过程中不断发现和解决架构问题。它在无需重大的前期架构投入的情况下，能够有效降低技术风险。

演进式架构实践的主要原则包括：

(1) 完成“刚刚好”能够支持其他环节有效工作的架构工作。在项目规划时，和整个团队一起确定和讨论主要架构问题，然后，优先考虑会影响到其他领域的架构工作。基于架构优先级列表，首先关注减轻技术风险，然后是创造价值。以“刚刚好”的方式处理架构决定，使软件架构随着时间不断演进。

(2) 记录关键的架构决定和悬而未决的问题。架构问题簿记录了所有架构相关的重要决定和问题清单，使团队能够很容易地掌握重要的架构决定和尚未解决的架构问题。

(3) 以关键能力的实施和测试作为一种解决架构问题的方法。解决架构问题，通常不但需要架构相关的集思广益，还需要原型。换句话说：实施足够的代码来验证架构背后的假设，然后再将代码变为生产代码或抛弃掉。

演进式架构的主要收益包括：

- 通过提早架构验证时间，避免在软件开发后期才发现重大的架构问题，能够有效地减少解决问题的时间，提高软件质量和生产率。
- 通过关注重用，减少上市时间。从架构建立到开发、再从开发到架构的正反馈循环，通过不断重用开发过程中收获的经验教训，提高了系统的一致性和可维护性。

(4) 通过首先发现并实施风险最高的技术领域，提高了软件的可预见性。

(5) 通过缩短架构周期、减少架构方面的技术浪费和返工，提高了团队响应变更的能力。

5.8.2 应用说明

演进式架构(Evolutionary Architect)是相对于计划式架构(Planned Architect)而提出的。主要通过每一次迭代来丰富和更新架构,使其最大限度地符合客户对系统的需求。实践证明,有架构肯定比没有架构好,因为架构可以发挥如下的作用。

- 提高生产力
- 降低技术风险
- 减少开发时间
- 增强沟通
- 可伸缩的敏捷软件开发
- 提高产品的可维护性

所以无论是敏捷与否,都需要考虑架构,无论哪种架构都需要考虑到架构本身的作用,在敏捷开发项目中必须认真考虑一下架构的设计问题。

5.8.3 案例说明

下面通过案例来介绍一个成功的演进式架构实践。

1) 项目基本信息

在某电子商务(B2B)企业级应用开发中,需求由电话销售部门提出,而管理信息系统(MIS)部门配合组织。客户对成本严格控制,但同时缺乏专业能力来提出具体的明确需求,只是用电话销售的言语将所需的业务模式描述了几次,而 MIS 则提出了需要与部分系统的接口问题的要求。做了几次简单的原型之后,需求仍不够明确,无法得到客户的确认接受。

2) 面临的问题

- 系统开发初期,需求不完整,无法预知全部需求。
- 某些需求具有创新性,需要进行更加深入的研究和讨论。
- 后期可能会产生需求变更引起的设计变更。
- 成本控制很严格,项目经理根据经验觉得无法完成。

3) 开发方案选择

这个项目有挑战性,主要在成本方面,经过数个有多年经验的项目经理评估,按照传统的方法开发项目,成本肯定超支,或者在项目后期肯定会和客户产生意见不一致。所以为了和客户保持长期的合作双赢的关系,必须采取一些特别的开发流程和方法。于是有人提议采用敏捷的方法来完成开发。在参考了 Scrum 和 XP 等方法后项目最终选择了敏捷的开发过程。其中,关于架构设计主要有两点顾虑:

(1) 顾虑一:如果在前期花太多的时间和精力进行架构设计,这与敏捷宣言中可交付的软件的概念似乎发生了冲突,同时也不符合尽快交付的原则。另外更重要的是前期的成本控制也不允许这样做，需求不稳定的情况下，前期的“全面”设计难免会有所冗余。

(2) 顾虑二：如果完全没有架构，不考虑后续的迭代，则可能使日后的开发越来越复杂，开发的成本失去控制，功能的稳定性得不到保证等。

综上考虑，希望通过架构与设计演进的方式，快速交付初始版本，并在后续功能的开发中，逐步对架构进行改进，从而满足所有明确的需求。这样做既能争取到客户的信任，又避免了过度设计、成本浪费的问题。所以结论之一就是尽量使用演进式架构。为此也做足了充分的准备。

- 聘请有丰富架构设计经验的人员担任架构设计。
- 演进式架构设计的思想宣传和培训，培养有责任心的程序员。
- 估算时给重构预留一部分时间，也就是预定义一个小任务。

4) 组织结构

不是严格的 Scrum 组织，如：没有专职的产品负责人，由项目经理兼任，并参与代码的编写；没有 Scrum 主管，由 Team Leader 兼任，并参与部分代码的编写。项目成员共计 8 名。公司还没有形成敏捷的氛围，更没有大规模地转型为敏捷框架的项目。其他的工件基本和 Scrum 框架相符合，每日早上开站立会议，每日持续集成，每周给用户演示产品。与此同时收集整理新的需求和反馈，每周进行项目回顾会议。

5) 开发过程介绍

在项目早期，架构师/程序员结合产品待办列表，对软件的总体有了大致理解，就可以开始进行模块划分。基于此模块划分，开展对各模块的细化设计。

设计须遵循以下原则。

- 架构仅满足已提出或可预见的需求。

例如，如果仅有顺序处理调用的需求，就没有必要实现有循环、分支需求的工作流引擎。

- 架构尽可能简单和直接。
- 数据库建模时应保持一定的灵活性。
- 模块接口的设计应具有一定的灵活性。

在每次迭代开始前，针对已确定的需求，对可能的架构变更进行讨论。例如，如果用户要求处理流程有循环，分支控制功能，则考虑是否引入工作流引擎等。同时在设计变更时，除考虑上述原则外，还应：

- 回顾需求变更历史，挖掘相似需求。
- 检查其他子系统，提取相似需求，实现共同组件。

在每周的计划会议上包含两个部分：第一部分澄清需求，第二部分进行设计。时间大约一个小时。由于时间太短，往往无法承载非常全面的架构设计，但是有部分改进措施。

- 措施 1：在计划会议之后增加一个发布架构设计研讨会(Release Architecture Design Workshop)来进行架构设计，时间长度和计划会议一样。在研讨会中设计人员简单通过画图的方式说明，并现场确认是否明白。

- 措施2：挑选有经验的工程师担任架构师，在迭代进行中，即根据产品负责人的需求，对现有架构进行演化，以产生符合下一冲刺的架构设计。在团队技术讨论通过后，直接拿到下次迭代的计划会议上使用。

6）架构设计

在确定整个框架的设计前提后，之后的设计都是仅仅为当前需求而进行的设计，就是一开始无需考虑所有设计情况，而是仅仅考虑当前需求，后面的需求再以很自然的方式在系统设计中实现。

（1）整体设计

又可以称之为全局设计，就是系统层面的设计，而不是模块或功能级别的设计，此类设计需要提前适当综合考虑，并体现在基础设计中，如：多语言需求，多浏览器支持需求等，需要提前简单考虑一个"资源类"，以默认语言为主，其他需要支持的语言等到具体明确后再统一处理。

（2）对象设计

仅仅设计当前时间段内需求的功能，任何可能需要用到的或者为了更远以后扩展用的设计都不允许。如：仅有新增订单需求那周的设计，订单的删除功能是不能添加在设计里面的，仅仅在订单删除功能需求那周才被实现。

（3）数据库设计

数据库设计也以当前需求为主，但是聚焦在单个数据表本身，以及目前需求所用到的关联关系，其他的字段或可能的关联关系在当前阶段不考虑，但是会预留一些字段（一般为10个）为后续的扩展，如果需要简单重构则直接重构，如果可以通过附加属性字段解决则通过操作附加属性满足需求。

（4）测试设计

测试设计也是以满足当前客户需求为主而设计测试用例的。任何"顺带"的测试都不被鼓励在当前阶段进行。如：多个浏览器的支持。

7）主要收益

采用敏捷的方式进行开发，整个团队始终都充满了激情，主动性明显提升。再加上演进式架构的引入，让整个团队沿着整个项目既定的计划和目标前进，演进式架构设计所带来的收益：

- 避免了早期过度设计的浪费，避免了成本的浪费，避免对开发人员意志的摧残。
- 增加了系统灵活性，按照需求进行针对性设计。
- 快速交付可用产品，逐步明确了实际需求，提升了客户满意度。
- 通过演进式架构设计，让所有成员在每个阶段都聚焦在当前阶段的需求，目标十分明确。

8）待改进的地方

（1）第一次使用这种演进式架构设计，原架构师思想上有些想法，由于未意识到严重性,也未在事前进行充分沟通和交流,导致部分设计上的问题到后期才由该设计师发现并被动提出,重构时需要多花额外的时间。

(2) 全员参与整体架构设计的思想还需要进一步普及,这个项目中不能所有人员都能积极主动提出架构设计方面的问题,还是有马后炮现象("这个问题我早知道了")的发生。

(3) 由于进度压力,部分人员未遵循演进式架构设计思想,部分代码写成了硬编码,在结对编程时(部分代码采取结对编程)才被发现。

(4) 该项目进行了一次大的重构,出现了很多问题:缺陷变多了,使客户对我们开发的产品的稳定性产生了怀疑。所以,不建议进行大规模的重构,建议采取渐进式的多次重构,频繁的调试与测试。

(5) 由于强调了随时重构,部分"爱好过度设计"的人员有吹毛求疵的现象,经常额外"自愿"花精力去重构。所以建议控制重构次数与范围。

5.9 重构

5.9.1 定义和特性说明

敏捷本身提倡与重视的就是"以人为本,以代码为核心"的思想。因此面向代码的设计、持续优化和测试等技术成为敏捷开发的核心技术。重构(Refactoring)的理论基础源自 William Griswold 于 1991 年的博士论文 *Program Restructuring as an Aid to Software Maintenance*[①],但是作为一项敏捷实践广为应用的推动力,却是源自于 Martin Fowler 的经典著作《重构——改善既有代码的设计》[②]。

Martin Fowler 在书中这样定义重构:所谓重构是这样一个过程:"在不改变代码外在行为的前提下,对代码做出修改,以改进程序的内部结构。"[③]重构是一种有纪律的、经过训练的、有条不紊的程序整理方法,可以将整理过程中不小心引入错误的几率降到最低。本质上说,重构就是在代码写好之后改进它的设计。

软件重构(Refactoring)和代码调整(Restructuring)是两项密切相关的技术。代码调整源自早期对结构化程序代码的内部调整,例如 goto 语句消除、case 语句优化等,通常发生在软件维护阶段,相对较为静态。软件重构则发生在软件开发过程中,是一个持续优化的动态过程。代码重构以及代码调整的一个结果就是代码复用(Reuse)能力得到增强,软件架构的可维护性得到提高。

代码重构中包含两个特征:

---

① Griswold, William G. Program Restructuring as an Aid to Software Maintenance. Ph. D. thesis. University of Washington, 1991

②③ Fowler, Martin. Refactoring: Improving the design of existing code. New Jersey: Addison Wesley, 1999

(1) 重构贯穿于软件研发的始终。

(2) 重构不会改变软件“可受观察之行为”①,重构之后软件功能一如既往。任何用户都不知道软件已有功能发生了变化。

5.9.2 重构的原则

1. 为什么重构

在软件开发过程中,会发现经常需要在两类事之间切换,添加新功能和重构。其实添加新功能也属于特殊的重构,这种行为也是在现有的代码上添加与修改。

它可以(并且应该)为了以下目的而被运用。

- 重构改进软件设计。
- 重构使软件更易被理解。
- 重构还可以帮助你找到 Bug。
- 重构也可以帮助你提高编程速度。

2. 常见的不良编码习惯

什么样的代码需要被重构呢?《重构——改善既有代码的设计》一书已经有了非常全面的论述,下面就是从该书中我们总结出来的“代码的坏味道”①。

- Duplicated Code(重复的代码)

重复代码是最常见的“异味”,往往是由于 Copy & Paste (拷贝 & 粘贴)造成的,最单纯的重复的代码就是“同一个类(class)内的两个函数含有相同表达式(expression)”。

- Long Method(过长函数)

过长的函数是面向结构程序开发带来的“后遗症”,降低了程序可读性。

- Large Class(过大类)

过大的类使得责任不清晰,使代码复杂程度大大增大,难以维护。

- Long Parameter List(过长参数列)

过长的参数列难以理解,参数传递容易出错。

- Divergent Change(发散式变化)

一个类,完成多个业务功能,需要修改时,将具有不同的原因和理由。比如,该类同时完成添加与删除功能,当要修改添加功能时,有机会影响删除功能。

- Shotgun Surgery(散弹式修改)

散弹式修改类似发散式变化,但恰恰相反。如果每遇到某种变化都必须在许多不同的 classes 内做出许多小修改来响应,那么你所面临的坏味道就是散弹式修改。如果需要修改

① Fowler, Martin. Refactoring: Improving the design of existing code. New Jersey: Addison Wesley, 1999

的代码散布四处，不但很难找到它们，也很容易忘记某个重要的修改。

- Feature Envy（依恋情结）

函数对某个Class的兴趣高过对自己所处类的兴趣。这种孺慕之情最通常的焦点便是数据。无数次经验里，看到某个函数为了计算某值，从另一个对象那儿调用几乎半打的取值函数（Getting Method）。

- Data Clumps（数据泥团）

在很多地方看到相同的三或四笔数据项，两个类内的相同值域（Field）、许多函数签名式（Signature）中的相同参数。

- Primitive Obsession（基本型别偏执）

大多数编程环境都有两种数据，结构型别（Record Types）允许你将数据组织成有意义的形式；基本型别（Primitive Type）则是构成结构型别的积木块。结构总是会带来一定的额外开销，它们有点像数据库中的表格，或是那些得不偿失东西，如只为做一两件事而创建，却付出太大额外开销的东西。

- Switch Statements（switch语句）

switch语句的问题在于重复。你常会发现同样的switch语句散布于不同地点。如果要为它添加一个新的子句，必须找到所有switch语句并修改它们。

- Parallel Inheritance Hierarchies（平行继承体系）

平行继承体系其实是Shotgun Surgery（散弹式修改）的特殊情况。在这种情况下，每当你为某个类增加一个子类，必须也为另一个类相应增加一个类。如果你发现某个继承体系的名称前缀和另一个继承体系的名称前缀完全相同，便是闻到了这种坏味道。

- Lazy Class（冗赘类）

如果一个类的所得不值其身价，它就应该消失，不要出现冗余代码。

- Speculative Generality（夸夸其谈未来性）

现在用不到，觉得未来可以用到的代码，要警惕。当有人说“噢，我想我们总有一天需要做这事”，并因而企图以各式各样的挂钩（hooks）和特殊情况来处理一些非必要的事情，这种坏味道就出现了。

- Temporary Field（令人迷惑的临时变量）

其内某个实例变量仅为某种特定情势而设。这样的代码让人不易理解，因为你通常认为对象在所有时候都需要它的所有变量。在变量未被使用的情况下猜测当初其设置目的，会让你摸不着头脑。

- Message Chains（过度耦合的消息链）

如果你看到用户向一个对象索求（Request）另一个对象，然后再向后者索求另一个对象，然后再索求另一个对象……这就是过度耦合的消息链。

- Middle Man（中间转手人）

对象的基本特征之一就是封装——对外部世界隐藏其内部细节。封装往往伴随委托

(Delegation)。但是人们可能过度运用委托。你也许会看到某个类接口有一半的函数都委托给其他类,这样就是过度运用。

• Inappropriate Intimacy(狎昵关系)

有时你会看到两个类过于亲密,花费太多时间去探究彼此的私有成分。如果这发生在两个"人"之间,我们不必做卫道之士;但对于类,我们希望它们严守清规。

• Alternative Classes with Different Interfaces(异曲同工的类)

如果两个函数做同一件事,却有着不同的签名式(Signatures),这就是异曲同工的类。

• Incomplete Library Class(不完美的程序库类)

复用常被视为对象的终极目的。我们认为这实在是过度估计了,因为只是使用而已。

• Data Class(数据类)

所谓数据类是指它们拥有一些值域,以及用于访问(读写)这些值域的函数,除此之外一无长物。将数据类中数据以公共方式公布,没对数据访问进行保护。

• Refused Bequest(被拒绝的遗赠)

子类不想继承父类的数据或方法,在真正该继承的时候才选择继承,不然就会出现代码坏味道。

• Comments(过多的注释)

代码有着长长的注释,但注释之所以多是因为代码很糟糕。

3. 何时重构

在软件开发编码的过程中,有些人认为"重构"就应该在软件开发完成后,专门找时间来进行,不然就不叫重构了。但我们反对专门拔出时间来重构,重构应该随时随地进行。不应该为了重构而重构,之所以重构,是因为想做别的什么事,重构可以帮助你把那些事做好。

三次法则〔The Rule of Three〕

第一次做某件事时只管去做;第二次做类似的事会产生反感,但无论如何还是做了;第三次再做类似的事,你就应该重构。所谓"事不过三,三则重构(Three strikes and you refactor)"[①]。

• 添加功能时一并重构
• 修复 Bug 时一并重构
• 复审代码时一并重构

4. 重构的难题

学习一种可以大幅度提高生产力的新技术时,总是难以察觉其不适用的场合。通常在一个特定场景中学习它,这个场景往往是个项目。这种情况下很难看出这种新技术什么情

① Fowler, Martin. Refactoring: Improving the design of existing code. New Jersey: Addison Wesley, 1999

况下会成效不彰或甚至形成危害。十年前，对象技术的情况是这样的；现在，重构所面临的情况也是如此。我们知道重构可以为我们的工作带来唾手可得的好处，但是我们还没有足够的经验，还看不到它的局限性。有一点是明确的：虽然我坚决认为你应该尝试一下重构，获得它所带来的好处，但是，你也应该时时监控其过程，注意寻找重构可能引入的问题。随着时间的推移，这些问题都是可以找到解决方案的。

(1) 数据库

重构经常出的一个问题领域是数据库。绝大多数应用都与它背后的数据库模式紧密耦合在一起，这也是数据库模式如此难以修改的原因之一。另一个原因是数据迁移，就算你非常小心地将系统分层，将数据库模式和对象模式的依赖降至最低，但数据库模式的改变还是让你不得不迁移所有数据。这可能是件漫长而繁琐的工作。

在“非对象数据库”中，解决这个问题的方法之一就是：在对象模型与数据库模型之间插入一个中间层，这就可以隔离两个模型各自的变化。升级一个模型时无需升级另一模型，只需要升级上述中间层即可。这样的分隔层会增加系统的复杂度，但可以给你很大的灵活度。你无需一开始就插入中间层，可以在对象模型变得不稳定时才修改它。这样你就可以为你的改变找到最好的杠杆效应。

对开发者而言，对象数据库既有帮助也有妨碍某些面向对象数据库提供不同版本对象之间的自动迁移能力，这减少了数据迁移时的工作量，但还是会损失一定的时间。

(2) 修改接口

对象允许你分开修改软件的实现与接口。你可以安全地修改某对象内部而不影响他人，但对于接口要特别谨慎，如果接口被修改了，任何事情都有可能发生。一直对重构带来困扰的一件事就是，许多重构手法的确会修改接口。像方法重命名这么简单的重构手法所做的一切就是修改接口。这对极为珍贵的封装概念会带来什么影响呢？如果某个函数的所有调用动作都在你的控制之下，那么，即使修改函数名也不会带来任何问题。哪怕面对一个public(公共)函数，只要能取得并修改其所有调用者，你也可以安心地将这个函数更名。只有当需要修改的接口被那些“找不到，即使找到也不能修改”的代码使用时，接口的修改才会成为问题。如果情况真是如此，我们称这个接口是个已经被发布的接口，比被公开的接口更进了一步。接口一旦被发布，你就再也无法仅仅通过修改调用者而安全地修改接口了，修改需要一个略为复杂的程序。

那么，该如何面对那些必须修改“已发布的”接口的重构手法？

简言之，如果重构手法改变了已发布接口，必须同时维护新旧两个接口，直到所有用户都有时间对这个变化做出反应。幸运的是这不太困难，但是建议尽量让旧接口调用新接口，当要修改某个函数名称时，请留下旧函数，让它调用新函数。千万不要拷贝函数实现码，那会陷入“重复代码”的泥淖中。比如，还应该使用 Java 提供的 deprecation 设施，将旧接口标记为 deprecated(废弃)，这样一来调用者就会注意到它了。

这个过程的一个好例子就是 Java 的容器类：collection classes。Java 2 的新容器替代了原先一些容器，当Java 2容器发布时，Java软件花费了很大力气来为开发者提供一条顺利的迁徙之路。

“保留旧接口”的办法通常可行，但很繁琐。起码在一定时间里必须建造并维护一些额外的函数。它们会使接口变得复杂，使接口难以使用。还好有另外一个选择：不要发布接口。当然不是完全禁止，因为必须发布一些接口。如果你正在建造供外部使用的API，必须发布接口。问题是常常看到一些开发团队公开了太多的接口，这样他们不得不经常来回维护接口，原本可以直接进入程序库，修改自己管理的那一部分，那样会轻松许多。过度强调代码拥有权的团队会常常犯这种错误。发布接口很有用，但也有代价。所以除非真有必要，不要发布接口。“不要过早发布接口，请修改你的代码拥有权政策，使重构更顺畅”。[①]

Java中还有一个特别关于修改接口的问题：在throw子句中增加一个异常。这并不是对签名式的修改，所以无法用delegation隐藏它。但如果用户代码不做出相应修改，编译器不会让它通过。这个问题很难解决，你可以为这个函数选一个新名字，让旧函数调用它，并将这个新增的checked exception转化成一个unchecked exception。你也可以抛出一个unchecked异常，不过这样会让你失去检验能力。如果你那么做，你可以警告调用者：这个unchecked exception日后会变成一个checked exception。这样他们就会有时间在代码中加上对此异常的处理。出于这个原因，我总是喜欢为整个package定义一个super class异常（就像java. SQL的SQL Exception），并确保所有public函数只在自己的throw子句中申明这个异常。这样我们就可以随心所欲地定义我们的subclass异常，不会影响调用者，因为调用者只知道那个更具一般性的superclass异常。

(3) 难以通过重构手法完成的设计改动

通过重构，可以排除所有设计错误吗？是否存在某些核心设计决策，无法以重构手法修改？在这个领域里，我们的统计数据尚不完整。当然某些情况下我们可以很有效地重构，这常常令我们倍感惊讶，但的确也有难以重构的地方。比如说在一个项目中，我们很难（但还是有可能）将“无安全需求情况下构造起来的系统”重构为“安全性良好的系统”。

5. 重构与设计

重构肩负一项特别任务，它与设计彼此互补。初学编程的时候，发现“预先设计”可以帮助节省回头返工的高昂成本，一般人认为设计就像画工程图而编码就像施工，但我们知道，软件与建筑还不完全一样，软件的可塑性更强，而且完全是思想产品。正如Alistair Cockburn所说：“有了设计，我可以思考更快，但是其中充满了小漏洞。”

事实上，重构某种程度上可以弥补“预先设计”的遗漏，但是不鼓励完全摒弃“预先设计”。即使极限编程的爱好者也会进行预先设计，会用诸如CRC卡等手段来检验各种设计思想，得到第一个可被接受的解决方案，接着才开始编码，然后才开始重构。关键在于重构

---

① Fowler, Martin. Refactoring: Improving the design of existing code. New Jersey: Addison Wesley, 1999

改变了预先设计的角色。如果没有重构，你就必须保证预先设计的准确无误，这意味着如果未来要对设计做任何修改，代价都将非常高昂。

如果你选择重构，问题的重点就转变了。你仍然做预先设计，但不必一定找出正确的解决方案，你只需要一个足够合理的解决方案就可以了。你可能会察觉最佳方案与你当初设想有些不同，只要有重构这项武器在手就不成问题，因为重构让日后修改的成本不再高昂。

这种转变让软件设计朝简化前进了一大步。过去未曾运用重构时，人们总是力求得到灵活地解决方案。任何一个需求都让我们提心吊胆地猜疑：在系统生命周期内，这个需求可能会导致怎么样的变化。由于变更设计的代价非常高昂，所以希望建造一个足够灵活、足够强固的解决方案。希望它能承受我们所能预见的所有需求变化。可问题在于，要建造一个灵活的解决方案，所需要的成本难以估算。灵活的方案比简单的方案复杂许多，所以最终得到的软件通常更难维护。如果变化只出现在一两个地方，那不算大问题，然而变化可能出现在系统各处，如果在所有可能出现变化的地点都建立灵活性，整个系统的复杂度和维护难度都会大大提高，当然，如果最后发现这些灵活都毫无必要，这才是最大的失败。你知道，这其中肯定有些灵活性派不上用场，但你不知道哪些派不上用场，为了获得自己想要的灵活性，你又不得不加入比实际需要更多的灵活性。

有了重构，你就多了一条不同的途径来应付变化带来的风险。你仍旧需要潜在的变化，仍旧需要考虑灵活的解决方案，但是你不必再逐一实现这些解决方案，而是应该问问自己："把一个简单的解决方案重构成这个灵活的方案有多大难度?"如果答案是相当容易，那么你只需要实现目前的简单方案就行了。重构可以带来更简单的设计，同时又不失灵活性，这也降低了设计过程的难度，减轻了设计压力。一旦对重构带来的简单性有更多的感受，你甚至可以不必再预先思考前述所谓的灵活方案——一旦需要这个方案，你总有足够的信心去重构。专业的建议是：当下只管建造可运行的最简化系统，至于灵活而复杂的设计，多数时候都不会需要它。

6. 如何开展重构

重构的最大障碍之一就是，几乎没有工具对它提供支持。那些把重构作为文化成分之一的语言通常都提供了强大的开发环境，其中对代码重构的众多必要特性都提供了支持。但即使是这样的环境，到目前为止，也只是对重构过程提供了部分支持，绝大部分工作仍然得靠手工完成，重构的常见方法请参见参考文献 14。

和手工重构相比，自动化工具所支持的重构，给人一种完全不同的感觉。即使有测试套件织成的安全网，手工重构仍然是很耗时的工作。正是这个简单的事实造成很多程序员不愿进行重构，尽管他们知道自己应该重构，但毕竟重构的成本太高了。如果能够把重构变得像调整代码格式那么简单，程序员自然也会乐意像整理代码外观那样去整理系统的设计，而这样的整理对代码的可维护性、可复用性和可理解性，都能够带来深远的正面影响。

(1) 重构的工具

Refactoring Browser 就是一个比较好的重构工具,它将会完全改变你的编程思路。以 Extract Method 这一重要的重构手法为例。如果你要手工进行此重构,需要检查的东西相当多。如果使用 Refactoring Browser,你只需简单地圈选出你要提炼的段落,然后点选菜单选项 Extract Method 就行了。Refactoring Browser 会自动检查被圈选的代码段落是否可以提炼。代码无法提炼的原因可能有以下几点,它可能只包含部分标识符声明,或者可能对某个变量赋值而该变量又被其他代码用到。所有这些情况,你都完全不必担心,因为重构工具会帮助你处理这一切。然后,Refactoring Browser 会计算出新函数所需的参数,并要求你为新函数取一个名称。你还可以决定新函数参数的排列顺序。所有的准备工作都做完以后,Refactoring Browser 会把你圈选的代码从源函数中提炼出来,并在源函数中加上对新函数的调用。随后它会在源函数所属的 class 中建立新函数,并以用户指定的名称为新函数命名。整个过程只需十几秒钟。你可以拿这个时间长短和手工执行 Extract Method 各步骤所需时间做个比较,看看自动化重构工具的威力。

(2) 重构与自动化测试

如果我们想进行重构,还有一个重要的前提就是拥有健壮可靠的测试框架。当我们通过重构优化代码结构或修复错误时,经常会有新的错误出现,而且肯定要很久以后才会注意到这些新错误。好的自动化测试框架可以帮助我们解决这个问题。

5.9.4 案例说明

参见 5.8.3 节的案例说明。

第6章

企业敏捷转型参考框架

6.1 企业敏捷转型参考框架总体介绍

当前,从中国企业的软件开发行业现状和调查结果来看,软件研发企业在实施和推行敏捷开发时,往往都是自下而上的,即某一个研发团队的项目经理或团队负责人在团队内部推行敏捷,当项目从敏捷开发中获得了明显的收益后,公司高层才开始关注,并开始在全公司范围内推行敏捷开发。

但是,受到公司组织架构、部门间沟通、协作的影响和限制,团队内部的敏捷推动经常十分困难,进展缓慢,甚至无疾而终。因此,做好敏捷转型的准备工作,是重中之重,是能否真正的成功推进实施敏捷的关键和根基。

为了成功顺畅地推行敏捷开发,下面将对整个敏捷转型参考框架作个总体说明,为企业进行敏捷转型提供基本方法参考。整个敏捷转型参考框架主要包括5个步骤,前两个步骤主要是回答Why的问题。如图6-1所示,企业首先要建立敏捷转型明确的商业目标,然后,要想清楚为什么要用敏捷开发方法帮助企业实现这些目标。第三步主要是回答What的问题,敏捷开发有许多的方法框架和实践,在考虑敏捷转型时企业必须基于自身的研发流程、组织架构和团队文化等的现实情况,确定选择哪种敏捷方法框架和优先采用哪些敏捷实践,以便帮助企业最快实现商业目标。第四步是回答How的问题,关注企业如何通过统一认识,选择合适的转型模型、工具和流程,开展敏捷转型。最后一步强调敏捷转型的持续改进的本质。

敏捷转型参考框架主要包含以下5个步骤:

(1) 明确敏捷转型的商业目标。在进行敏捷转型前,企业主要的利益干系人必须对敏捷转型要实现的商业目标、要解决的问题等达成一致。例如,快速响应市场变化、提升客户满意度和缩短上市时间,是很多企业实施敏捷转型的主要驱动力。企业在定义商业目标时,必须遵循 SMART 原则，例如：3 年内，开发中心实现缩短软件上市时间 20%。

(2) 明确为什么采用敏捷开发帮助企业实现目标。在明确企业商业目标之后，企业软件研发的主要领导者或敏捷转型的主要干系人必须了解敏捷思维，了解敏捷开发方法的主要智慧。只有正确了解敏捷思维，才能够正确回答为什么企业要采用敏捷开发方法实现其商业目标。然后，企业还必须基于自身的实际情况，进行收益风险分析，做到"谋定而后动"!

(3) 明确敏捷转型要做什么？即面对众多的敏捷方法框架和实践，企业如何基于自身的研发体系现状、团队能力水平、企业文化和治理框架，选择合适的敏捷方法框架和实践，以最快地实现既定商业目标。

(4) 明确如何实施敏捷。任何企业进行敏捷转型时，都在进行一种组织变革，因此，都可以遵守 John Kotter 的组织变革框架的 8 个步骤开展工作。在敏捷转型过程中，敏捷团队最好首先通过自身的故事，建立起团队的紧迫感；通过培训、教练等手段，沟通敏捷转型的愿景和目标、统一团队的认识。然后，选择合适的转型模型，可以是自底向上，也可以是自顶向下，还可以是两者相结合。

在 IBM 的大规模敏捷转型过程中，采用的则是一种称为可度量的能力改进框架(Measurable Capability Improvement Framework，MCIF)的方法。它是一种迭代式的改进过程，每个迭代开始时确定要实现的、可度量的商业目标，然后选择实施可以实现该目标的最佳实践，并在迭代结束后度量该目标实现的状况。之后，每个迭代周期重复这一过程。该方法的特点是内置了 Rational 在软件工程领域多年的最佳实践，用商业目标的实现，迭代地驱动软件过程的改进。

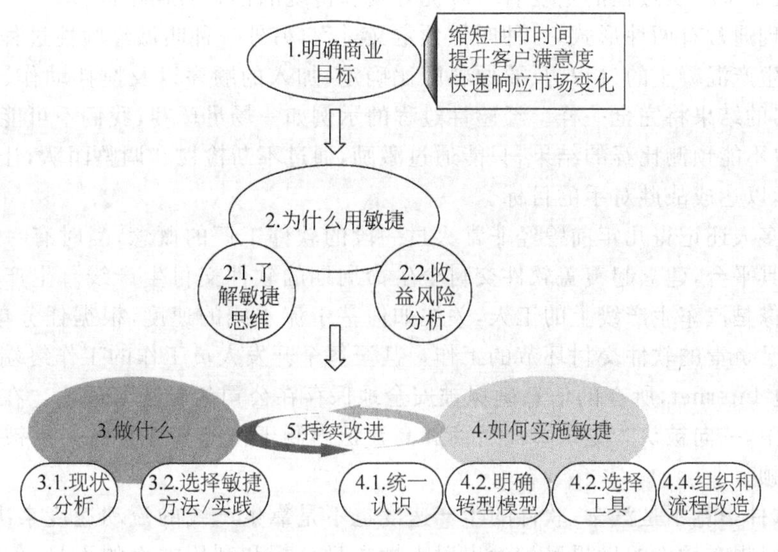

图 6-1　企业敏捷转型准备内容

无论采用哪种转型模型，企业还必须选择合适的敏捷开发工具，可以是手工的，也可以是自动化的。合适的工具选择可以在很大程度上促进敏捷转型的成功。例如，在 IBM 进行大规模敏捷转型过程中，采用了跨地域团队协作工具 Rational Team Concert 支持敏捷团队的项目规划、执行和监控，支持敏捷开发流程的自动化和团队的跨地域、跨领域的协作，同时提供配置管理、持续构建和电子白板等功能，有效地促进了其大规模敏捷转型的成功。

(5) 持续改进。正像迭代式开发是敏捷开发的核心实践一样，我们必须清醒地认识到敏捷转型本身也应该是迭代地、增量地、持续改进的过程。

6.2 为什么采用敏捷方法

6.2.1 敏捷思维

敏捷不是某一种方法论、过程或框架，更不是字面意义上的敏捷，而是一组价值观与原则。敏捷最有智慧的地方在于它只为我们提出了核心价值观和十二条原则(参见第 2 章)，它并没有告诉做什么和怎么做。因此，基于这一前提，任何符合敏捷核心价值观和原则的方法、实践，都可以称之为敏捷。正是敏捷开发的这种开放性和动态发展的特性，留给敏捷开发人员巨大的空间，赋予了敏捷无限的魅力，但同时也留给敏捷实践者太多的困惑和无奈。

1. 持续反馈的经验性过程

过程、人、工具是软件开发的三大要素，过程管理作为软件研发管理的一个非常重要的方面，我们接下来将从过程的角度看看敏捷开发和传统的模式有何不同。

过程管理通常有两种形式，一种叫做预定义过程，另外一种叫做经验性过程。预定义过程的示例如生产混凝土的过程，只要原料配比确定，加入的顺序以及搅拌动作、搅拌时间确定，那么产出的结果将完全一样。经验性过程的示例如一场足球赛，我们不可能规定好每个人的动作，也不能预测比赛的结果，只能通过激励，通过不断检视和调整团队，让他们发挥到更好的水平，以达成战胜对手的目标。

相信很多人还记得几年前曾经非常火过一段的软件工厂的概念，当时有一些公司基于软件工程工具平台，建立起覆盖软件交付全生命周期的软件交付生产线。生产线上的每个开发人员就像是汽车生产线上的工人，关注如何基于流水线的速度，根据任务单的要求，高效地完成自己负责的软件交付环节的工作。甚至每个开发人员工作的工作终端没有存储接口，不能浏览 Internet，所有的信息确保被安全地保存在公司的配置管理库。在当时的软件工厂的概念中，一向被认为是从事高智商和高知识内涵工作的软件交付人员被毫不留情的称为软件蓝领。

然而，软件毕竟不是汽车，软件的生产速度也不是靠生产线的流动速度来决定的，泰勒的科学管理思想在软件的世界里显示出对人性本身分析和利用方面的不足，作为软件交付主体的人和团队，在软件交付过程中起到至关重要的作用。因此，正如先前过程控制学大师们总结出来的那样，在过程运行根本机制相当简单易懂的情况下，可以采用流水线这样的预定义的过程，而对于软件开发这样交付主体是人，并且有面临多变的复杂外界环境的活动，更适合的应该是经验性过程。

传统的顺序式的开发模式是以预定义过程为出发点的，它们通常是以从全部的需求和详细的计划开始，在过程中努力地控制变更，以确保按照预期的目标交付。而敏捷则是以经验性过程为出发点，以目标和高优先级的需求出发，在过程当中不断地检视和调整，通过不断修正的方式达成目标。

2. 远粗近细的多级项目规划，应使用不断细化的计划

传统开发模式中通常会假设客户知道他们想要什么，只要在开始想的够全面、够细致，就能够了解正确的需求。然后基于理解的需求，使用各种方式进行估算，产出一个全面的计划。然而，事实上在开发的过程中很多事情是慢慢演进的，客户也会互动地、启发式地发现他们需要的是什么。所以敏捷思想强调计划的平衡和需求的平衡。

软件开发项目中，计划的主要作用无外乎以下几点：

- 统一思想，明确目标
- 团队沟通
- 整合团队工作
- 作为项目监控的基准

然而，地球人都知道计划赶不上变化的道理。尤其是当今业务飞速发展、经济市场环境不断创新的时代。敏捷团队不相信大的计划，取而代之敏捷团队使用分层的项目计划：发布计划、迭代计划和每日计划，迭代式软件开发和多级项目规划两个敏捷实践，将规划过程分成了发布规划和迭代规划两个动态过程，发布规划的目标是制定出发布计划，发布计划中包含主要的项目远景、发布时间节点和里程碑要求，忽略善变的细节；而迭代计划中则包含具体计划实施的细节内容，它是个动态的计划，主要关注当前迭代和下一迭代工作内容，包括具体实施细节。由此可见，敏捷规划过程本身就是一个平衡过程，项目范围中确定的高优先级需求和拥抱变更的其他产品待办项之间的平衡，粗粒度的目标节点和细化的任务规划之间远粗近细的平衡，计划中不变的迭代要求和善变的工作内容之间的动态平衡。

3. 动静相宜的项目需求和范围

软件需求本身是渐进明细的、涌现式的，整个开发过程就是一个由抽象到具体，由概念到实体的过程。因此，项目需求变更成为必然，新的需求的不断提出也成为必然，这导致项目范围管理难度较大。同时加上很多软件生存在快速变化的业务环境和市场环境中，如何保证快速响应需求变更的同时，保证软件的快速交付和项目的成功就成了一大难题。

敏捷开发基于需求不断变化的事实和快速响应客户需求变更的要求，通过很好地平衡需求中的变与不变的部分，做到需求的动态平衡，如图 6-2 所示。

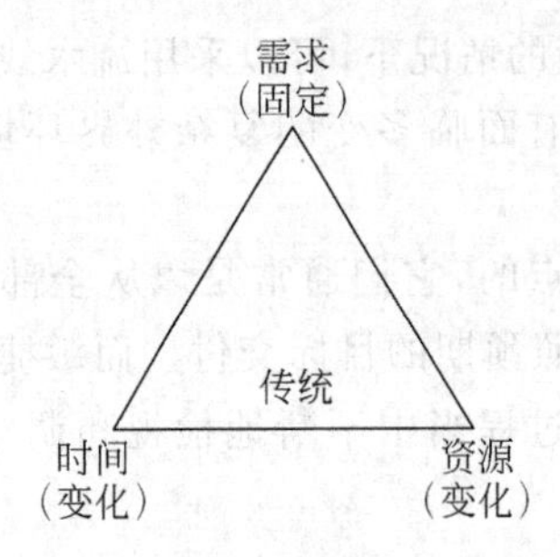

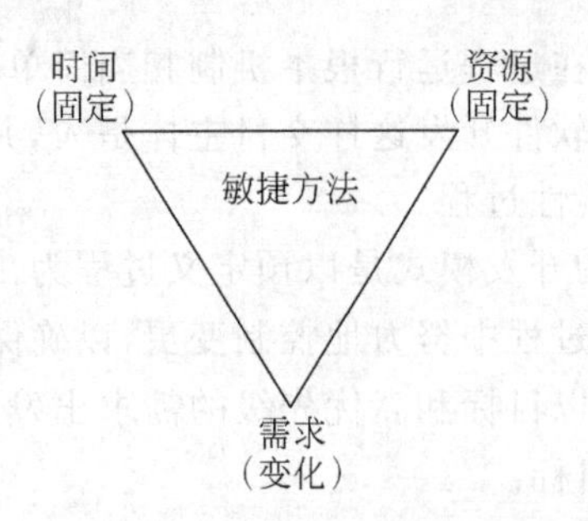

- 需求被充分定义和固化
- 时间就是项目生命周期
- 变化资源以减少时间

- 明确高层次需求，并进行优先级划分
- 时间是影响紧急业务需求交付的关键约束
- 资源固定，并被有效管理以在指定成本内交付

图 6-2　需求动态平衡

4. 自组织、自管理的完整团队

管理学大师彼得·德鲁克总结的团队组织形式如下：

第一种团队是“棒球队型”的团队。在这种团队中，尽管最终的成果是团队成果，但是团队成果被分解成了一小块一小块的个人成果，各有专人负责，各管一摊。就像棒球队一样，每个队员有自己固定的位置，在比赛中，每个队员都只负责自己的位置。

美国汽车厂商以前设计新车型的团队就是如此：设计师埋头设计，然后把结果交给开发工程师；开发工程师埋头开发，然后把结果交给制造工程师；制造工程师埋头生产出来，然后把产品交给营销人员……。

第二种团队是“足球队型”的团队。虽然团队队员仍然有相对固定的位置，但是他们可以互相补位，必须彼此配合，不能各自为战。日本汽车厂商的设计团队就是这样的团队。与美国人的“串联”式工作方式相反，日本的设计师、开发工程师、制造工程师和营销人员是“并联”式工作。他们不是“铁路警察，各管一段”，而是同时开展新车型的设计工作，一起讨论从设计、开发到制造、营销的各种问题。

第三种团队是“网球双打型”的团队。在这种团队中，队员尽管也有主要工作，但是他们的位置不是固定的，需要根据其他团队成员的工作情况和团队任务的进度随时调整。交响乐队更像棒球队，摇滚乐队更像足球队，而小型爵士乐队更像网球双打团队。流水线上的生产团队更像棒球队，企业的高管团队更像足球队，美国海军陆战队的六人小分队更像网球双打团队。

不管哪种方式，有效的团队都强调“游戏规则”，不管哪种方式，团队效率都有**一个培育增长的过程，团队组织方式取决于环境变化的复杂程度，而不取决于工作本身的复杂程度**。对于预定义的过程来讲，棒球型团队更合适，而对于软件研发所面临的人的因素、快速变化的业务环境和市场环境来说，自组织、自管理、跨职能的足球型团队更有效。

商业价值驱动，用有限资源创造更多的价值。美国 Standish Group 的一项统计表明，接受调查的大量的软件产品常用或者一直使用的功能只占所有功能的 20%，而很少用或从不使用的功能占了64%如图6-3所示。这说明了软件项目投资者把大量的资金投入到了没有用的功能上去了，因此交付有价值的功能，交付真正客户需要的软件可以帮助客户提高投资回报，节省成本。另外，每一个功能的商业价值是不同的，根据商业价值的高低，按正确的顺序递交可以帮助投资者获取最大化收益。

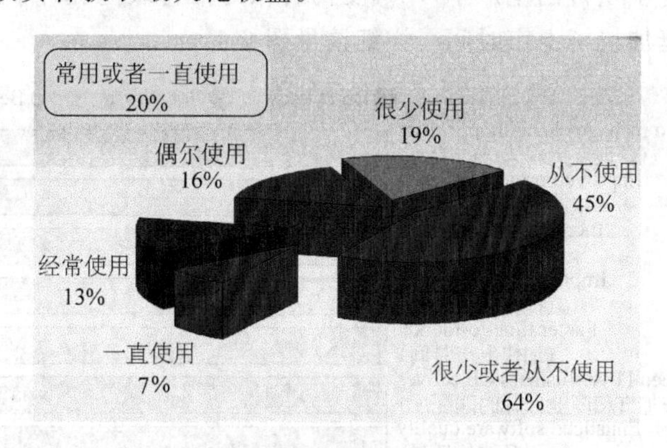

图6-3 软件功能使用情况

6.2.2 企业敏捷转型主要收益说明

敏捷开发并不是一种时尚。如果你的老板问你"我们为什么要向敏捷转型?"，你不可能用"老板，这东西现在很时髦!"这样的回答来获取老板的支持。面对变革，任何企业都要考虑投入产出比，何况这种变革会涉及企业的组织、文化、管理、流程等方方面面，企业更加需要小心谨慎。那么，企业进行敏捷转型会为企业带来哪些好处呢?

国内外众多企业的实践表明，企业进行敏捷转型的主要收益在以下几个方面：

- 加快上市时间
- 有效应对需求变更
- 提升生产率
- 提升软件质量
- 提升项目的可视性
- 降低风险
- 简化开发流程
- 降低成本
- 提升士气
- 提升客户满意度

1. 国外敏捷收益调查

让我们先看看国外的数据。2011年，知名敏捷管理软件提供商VersionOne进行了第六届年度敏捷开发状态调查(Annual"State of Agile Development" Survey),调查面向软件行业通过多种渠道收集了6042份有效反馈。统计结果表明,84%的受访者认为推行敏捷改进了他们管理变更优先级的能力,77%受访者认为推行敏捷改进了项目的可视性,75%受访者认为推行敏捷改进了项目的生产率,72%受访者认为推行敏捷提升了团队的士气,71%的受访者认为推行敏捷加快了上市时间。详细请见图6-4。

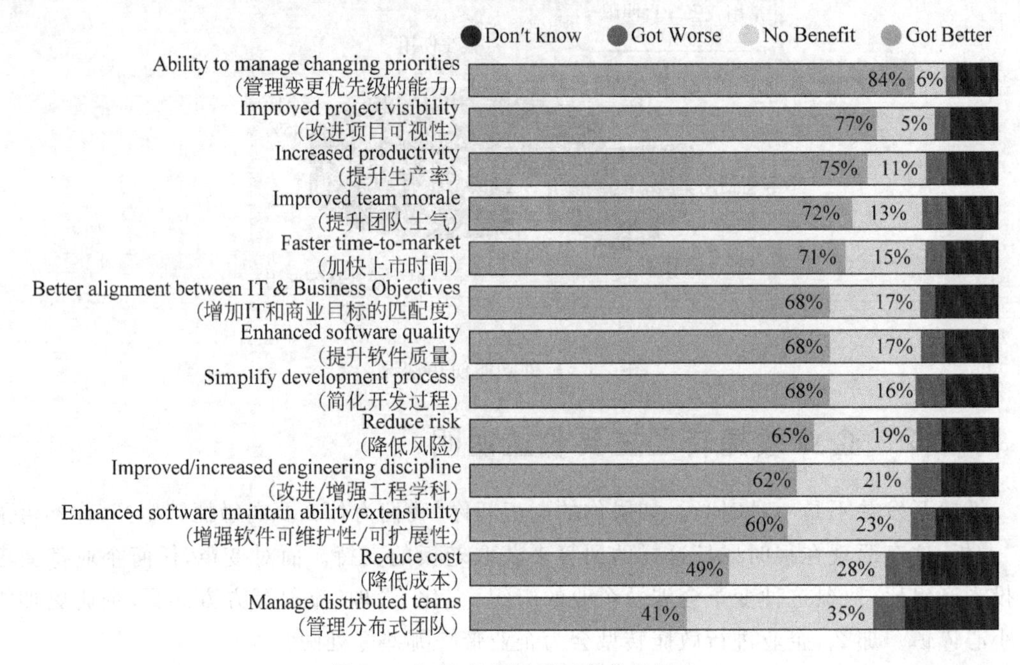

图6-4 2011年度敏捷开发状态调查

那么,企业采用敏捷开发在这些方面的改进到底有多大呢?再来看看另一份数据。在*The Business Value of Agile Software Methods*一书中,Dr. David F. Rico对2003年至2008年以来业界各项权威调查数据进行了汇总,得出如表6-1所示结果。

表6-1 敏捷开发方法的商业价值

年份	组　织	作　者	反馈人数	生产率提升	质量提升	成本下降
2003	Shine	Johnson	131	93%	88%	49%
2006	Agile Journal	Barnett	400	45%	43%	23%
2007	Microsoft	Begel, et al.	492	14%	32%	16%
2007	UMUC	Rico, et al.	250	81%	80%	75%
2008	Ambysoft	Ambler	642	82%	72%	72%
2008	IT Agile	Wolf, et al.	207	78%	74%	72%
2008	Version One	Hanscom	3061	74%	68%	38%
平均				**67%**	**65%**	**49%**

从表 6-1 中可以看出，在多份调查报告中，有超过 2/3 的受访者反馈其组织导入敏捷后，生产率和质量有所提升，而成本有所下降。

从这些数据和经验可以得出结论，企业成功实施敏捷转型后，由于软件开发价值观和项目管理方法和理念的转变，更多高效工程实践和工具的引入，以及对团队和个人主观能动性的激发，使组织和项目能够更有效地应对需求的变更，提升项目的可视性，提升员工的士气，进而提升了软件开发的生产率和质量，降低了成本和风险；而生产率和质量的提升以及成本的降低，又加快了产品的上市时间，提升了客户满意度；最终使企业能够快速满足客户需求，抢占市场先机，达成企业的商业目标。由此我们不难得出企业实施敏捷转型的收益路线图，如图 6-5 所示。

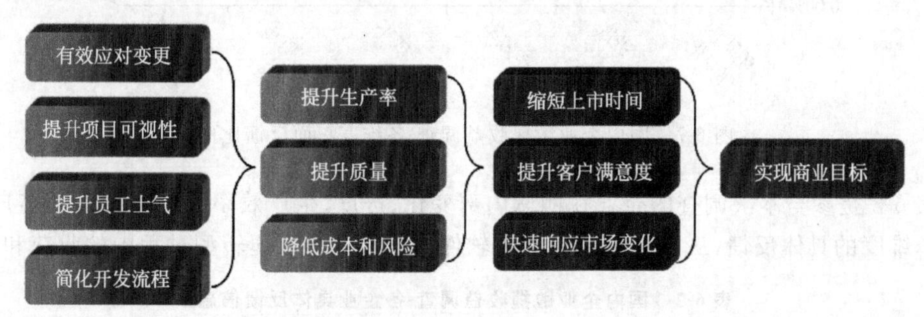

图 6-5 企业实施敏捷转型收益路线图

2. 国内企业敏捷收益调查

下面再来看看我们自己的数据。为反映国内企业当前应用敏捷的直观感受，中国敏捷联盟敏捷开发知识体系编写组于 2011 年对国内敏捷开发的应用状况进行了问卷调查。共收到来自 IBM、东软、用友等国内知名企业的有效反馈 35 份，反映了至 2011 年底国内企业应用敏捷的基本情况，如图 6-6 所示。数据显示，接受调查的国内企业多数(62.86%)都体会到明确收益。

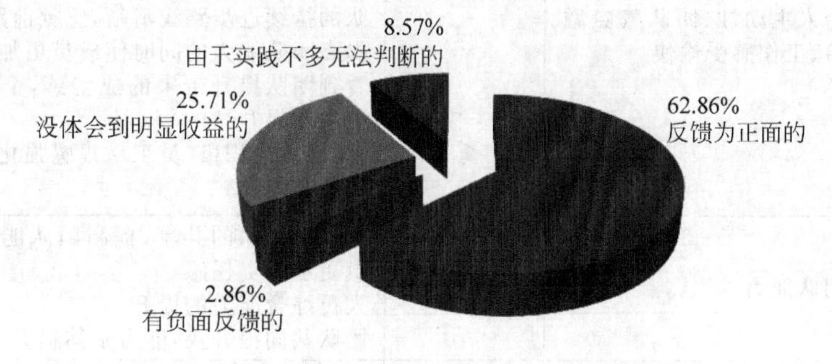

图 6-6 国内企业敏捷收益调查-反馈的基本情况

在回答“哪些方面有明显收益”时，得票最多的是“团队内部的积极变化”(68.18%)，其次为“客户满意度提升”(45.45%)；在“进度”和“质量”方面的改善，皆有 3 成左右(27.27%)企业感受到了效果；另外，有18.18%的企业明确感受到生产效率提升，13.64%的企业认为成本投入有所节约，如图6-7所示。

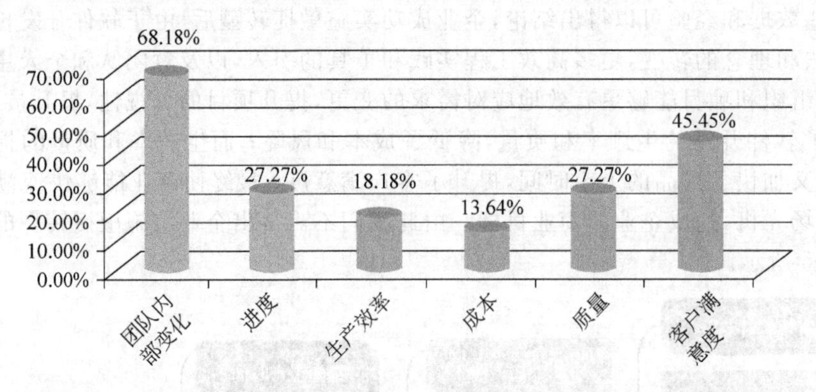

图6-7 国内企业敏捷收益调查-各维度正面反馈比例

表6-2是参与本次调查的企业在团队内部变化、进度、生产效率、成本、质量和客户满意度6个维度的具体反馈，从中可以窥见国内软件企业在实施敏捷转型过程中的收获和体会。

表6-2 国内企业敏捷收益调查-各企业具体反馈信息

维度	提升的方面	正面反馈企业数	来自企业的具体反馈
团队内部变化	团队合作、沟通	7	团队战斗力得到提升，团队更加凝聚 增加团队合作，提升团队士气 沟通表达能力、解决问题的效率提高 团队工作积极性显著提高，合作更好
	个人主动性、团队气氛融洽、工作感受愉快	11	所有的敏捷团队都最常提到“尊重、快乐、共同完成目标”等词汇 团队士气、工作积极性提升，做项目很有激情 个人的归属感及主人公荣誉感增强，个人及团队的持续进步路线清晰，感觉前路光明 提高团队能力的同时使成员更加有责任感 看到团队提升带来的成就感，个人价值和综合素质的提升 自信、主动积极，员工幸福感强化，心情变好了，责任心提高
	团队能力	5	增加了知识的共享，提高团队能力的同时使成员更加有责任感 人员综合能力的提升 团队共同提升快，能力整体提升
	利于团队的管理	3	基于团队而非个体的工作方式，减少了对个体的依赖，增加人员流动的灵活性 PM被从繁复文档中解放，PM的工作变得简单，可以有更多时间在项目或者团队的层面

续表

维度	提升的方面	正面反馈企业数	来自企业的具体反馈
进度	项目进度可控性提升	3	项目进度可控性提升,容易达成阶段性目标,一步一个脚印 开发人员的工作效率更加稳定,即可以获得稳定的团队开发速度 项目的可控性增强
	进度符合预期	2	按时按质量在成本控制范围内完成任务,收到表扬,作为其他项目的样例 进度有保证
	预测更加准确	2	对软件质量和性能的预测能力更加准确项目时间估算比较精确
	交付时间缩短	1	企业内耗减少,交付时间缩短
生产效率	提高团队工作效率	2	团队战斗力得到提升,效率也得到了提升,信息得到共享,团队更加凝聚(加班没以前那么多,但是工作一样可以做好)
	稳定可预期的团队速率	1	开发人员的工作效率更加稳定,即可以获得稳定的团队开发速度
	快速响应变化	1	对于变化能快速反应,提高团队的生产效率和灵活性
成本	减少企业内耗成本	1	企业内耗减少,交付时间缩短
	节约管理成本	2	在敏捷的限定框架下,团队自组织能力得到提升,这样就省去了大量的管理成本,同时对于项目的管理,项目经理也可以从繁复的文档中得到解放,有更多的时间关注于业务
质量	产品缺陷率的下降	2	用户满意度的提高、产品缺陷率的下降 代码风格更具连续性,设计保持简单并有更少的缺陷产生
	提升质量	2	提升质量,提高交付质量
	质量符合预期	2	有效减少了“需求输入不清、缺陷积累至最后”两个最容易爆发软件灾难环节的风险 按时按质量在成本控制范围内完成任务
客户满意度	客户建立了很好的关系	3	和客户建立了良好的协助关系;加强了和客户的沟通 合作感觉更加良好,客户满足度高了
	满意质量提高了	2	交付的缺陷率降低了,问题提前被发现,风险降低了
	快速响应客户需求	3	快速地响应客户新需求,变更请求 快速地和客户沟通各种反馈,拥抱变化
	需求理解一致	2	快速地反馈,及时地沟通;用户故事切分更加细致了
	成本降低了	1	成本在控制范围内

6.3 基于现状选择敏捷方法和实践

6.3.1 现状分析

当企业决定开始进行敏捷转型的时候，首先要对自己所处的行业、项目、产品的类型和自身所存在的问题等方面进行分析，称为现状分析。其作用是了解对敏捷转型所对应的现状，以决定使用什么样的敏捷转型模式与方法以及敏捷框架、实践与工具。

在调查报告里有人描述自己的企业或团队是这样推行敏捷的："当时我们团队试用敏捷开发方法是因为听说我们公司的另外一个团队使用敏捷开发方法的效果不错，我们就照搬过来了，把他们团队的所有相关资料拿过来直接用。"这确实是目前行业内的一个普遍现象，企业或团队照搬别人的模式，却没有思考过自己的情况是否适用于敏捷，适用于什么样的敏捷实践，以及如何使用敏捷来配合自己的行业特性及模式，单纯为了敏捷而敏捷，最终往往流于形式，很难带来实际收益。因为每个企业的现状与所遇到的问题是各不相同的、多样化的，所以，做好现状分析，可以说是企业敏捷转型之路的基石。

一般来说，判断自己的企业及团队是否适用于敏捷主要依据以下几项内容：项目稳定度、技术成熟度、产品成熟度、团队复杂度、团队构成、团队经验。总体来说，一个公司产品的研发周期长、需求不清晰、技术架构成熟、团队稳定、团队人员能力较强且平均，那么它就比较适用于敏捷开发。并且，根据这几项内容的情况不同，也需要选择不同的敏捷方法、框架、实践。

现状分析还存在第二个阶段，即在敏捷转型实施的过程中，不断地回顾当前敏捷转型工作的现状，以做到持续改善。

6.3.2 选择敏捷方法和实践

2011 年，《敏捷开发知识体系》编委会展开了一次针对中国企业敏捷转型成功实践的问卷调查，调查对象包括国内(含外企国内开发中心)30 多家具有代表性的软件企业。通过对调查结果的分析，我们得到了如下的结果。

本次问卷中我们询问了被调查企业："使用了哪些敏捷实践?"，选项包括迭代式开发、持续集成、多级项目规划、完整团队、测试驱动开发、结对编程、冲刺规划、故事点估算、产品待办列表、燃尽图、每日站立会议、任务板及用户故事等。

在调查结果中我们发现：最普遍被采用的敏捷实践有迭代式开发、持续集成、完整团队、每日站立会议、任务板及燃尽图。90%以上的企业都采用了这些实践。

比较普及的敏捷实践包括多级项目规划、产品待办列表、用户故事、故事点估算、冲刺规划等。60%至 90%的企业采用了这些实践。

被采用比较少的实践有两个：测试驱动开发与结对编程。其中测试驱动开发被25%的企业所采用，而结对编程实践仅仅被22%的企业所采用。

被调查企业中还采用的其他最佳实践包括代码规范、变更管理、领域模型设计(DDD)、自动化测试、质量风险前移、验收测试驱动的开发、迭代评审会议及迭代回顾会议等。

敏捷的核心思想是统一的，但是实现它的框架、方法和实践却是多种多样的。进行选择时，需要根据企业自身的实际情况与现状分析找到最适合自己的一套模式。需要特别说明的是，在选择和使用敏捷框架或实践方法时，我们也需要"敏捷"，可以多种框架和实践进行组合，交叉使用，也可对某一框架进行裁剪。一定不能生搬硬套，某个框架里的某个内容或实践确实不适合自己，不能真正落地推行，那就舍弃。

例如，Scrum框架与XP框架是目前非常流行的敏捷框架，一种常用的形式就是敏捷开发总体上使用Scrum框架，对于我们不使用的一些实践内容进行裁剪(例如由开发人员自己领取任务)，再结合XP框架或选择一些其他较好的实践内容加入进来(例如结对编程、用户故事)，进而形成适合自己的、真正可用的敏捷开发方法。

6.4 如何实施敏捷转型

6.4.1 统一认识

敏捷导入和转型会涉及组织的各个层面，除了涉及研发团队的日常工作的变化，对组织的其他部门比如市场、人力资源、后勤、财务等也会有影响，所以在组织层面对企业向敏捷转型的意义、目标以及涉及的将会发生的改变需要有统一的认识，这样可以大大减少敏捷导入和转型过程中受到的阻碍。统一认识涉及如下几个方面。

1. 管理层的认可和支持

在敏捷转型过程中，获得管理层的支持和认可将会带来如下几个方面的好处：

(1) 敏捷的转型会涉及团队成员工作方式的变化，所以在推行敏捷的过程中势必会遭到不同反对的声音，如果有管理层在公司政策和方向上对敏捷转型大力支持，那么克服这种抵触就很容易了。

(2) 在有一些实施敏捷的组织，如果要真正做到敏捷，可能会涉及公司组织架构和部门的调整。在这种情况下如果没有管理层的支持和认可，敏捷的实施会被限制在某些部门内部，敏捷实施会束手束脚。

(3) 敏捷实施最大的问题就是团队缺乏必要的敏捷方面的专业知识和技能，在管理层的支持下组织会有更多的引入外部顾问培训和辅导的经费支持，这样更有利于敏捷实施的成功。

获得管理层的认可和支持通常可以从这几个方面着手：

（1）通过一个小的试点团队获得早期成功，通过试点团队的成功案例打动管理层。

（2）通过行业中竞争对手实施敏捷成功的案例来打动管理层。

（3）邀请外部专业顾问对管理层进行敏捷方面的专业的宣讲或培训，外部的专业顾问会了解更多企业成功的案例，对管理层会更具说服力。

2. 建立企业内部敏捷教练团队

冰冻三尺非一日之寒，敏捷转型是一个循序渐进的过程，特别是在大的组织中，敏捷转型过程通常会超过一年，甚至是好几年。建立一支强大的内部教练团队将对敏捷的成功实施具有巨大的持续推动作用。建立内部教练团队通常有如下几个手段：

（1）挑选团队中沟通能力、协调能力强，有责任心，有团队影响力的管理者或团队成员进行专业的敏捷培训或认证，把他们培养成为敏捷导入过程中的种子选手和意见领袖。

（2）在敏捷导入的早期引入外部教练，在辅导团队的同时，帮助培养内部教练。

3. 团队统一认识

在很多团队实施敏捷的过程中，只重视了对一些中层管理者及核心骨干的敏捷方面培训，而团队成员并没有真正理解敏捷对他们工作的影响，以及需要他们做什么改变，所以只是按照领导的要求来做，需要开会的时候开会，需要做计划的时候做计划，但却不知道这些活动背后真正的意义，所以很容易导致最后流于形式。另外，由于没有对团队做统一的培训，团队成员对敏捷的理解不一致，A 说敏捷应该是这个样子的，B 说应该是另外一个样子，因为存在意见的不一致，所以敏捷的规则执行起来非常困难，也影响了团队文化的形成，阻碍了敏捷的实施。因此，对团队做整体的敏捷方面的专业培训具有重要的意义。

除此之外，对于市场、人力资源、后勤、财务等其他部门也需要让他们对敏捷方面的知识有一定的了解。

6.4.2 明确敏捷转型模式

模式一：自上而下和自下而上相结合

在一个企业导入一种变革，公司高层管理者的推动是非常重要的，但是仅仅这样做是不够的。比如斯蒂芬·乔布斯(Steve Jobs)，一个充满魅力、受人尊敬的强势领导，告诉他的苹果团队，他们要主导计算机软件和硬件之外的手机市场。他的声望和风格也许会给公司指出一个新的方向，但是仅仅这样做还不足以赢得如此卓尔不凡的成就。通过卓越的执行真正将新的方法落实到团队的每一个人，消除各种抵触，取得阶段性的成功，最终将其扎根于企业文化当中，两者结合才是转型成功的关键所在。

与之相反，在自下向上的变革中，一个团队或一些个人决定进行变革，就会着手促成其发生。一些团队采用自下而上的变革时带着"期望事后谅解"的态度。另外一些团队则炫耀自己是在打破规则。有些团队则仍然以钻空子的方式进行尝试，能钻多久是多久。

大多成功的变革，特别是做 Scrum 这类的框架型变革，最好能结合自下而上和自上而下两个部分。Linda Rising 在她的《勇敢者的变革》一书中写道："我们相信引入变革的最佳方式是自下而上的，同时需要管理层在适当时候给予支持，包括基层和更高层的。"

一个组织尝试向敏捷转型，如果没有高层的支持，他们会在基层遇到无法克服的阻力，这常常会发生在敏捷过程开始影响到初始团队之外的其他团队工作的时候。这个时候，中层管理者有可能会为保护自己的部门而排斥敏捷带来的变化。消除这种障碍和困难需要自上而下的支持和认同。

成功实施敏捷的关键是把自下而上和自上而下的变革结合起来。

模式二：ADAPT 模型

ADAPT（Awareness-Desire-Ability-Promotion-Transition）模型是 Scrum 联盟共同创办人、Scrum 联盟主席 Mike Cohn 在 *Success With Agile* 一书中提出的敏捷转型模式。组成 ADAPT 的 5 个字母分别代表了 ADAPT 模型的 5 个活动。

- 意识（Awareness）：当前的过程已不能实现可接受的结果。
- 渴望（Desire）：把实施敏捷作为一种方法来解决当前的问题。
- 能力（Ability）：有能力成功实施敏捷。
- 推广（Promotion）：通过分享经验来推广敏捷，从而能让我们记住，并能让其他人也看到我们的成功。
- 传递（Transition）：把实施敏捷带来的影响扩大到整个公司。

如图 6-8 表示了意识、渴望、能力、推广以及传递这 5 个活动的相互关系。其中，意识、渴望和能力是相互重叠的，而推广和传递在整个转型过程中会重复出现。在开始转型之后，这个循环还会随着持续改进而持续下去。

在实施企业敏捷转型的过程中，我们可能会在多个层面上使用这个模型：

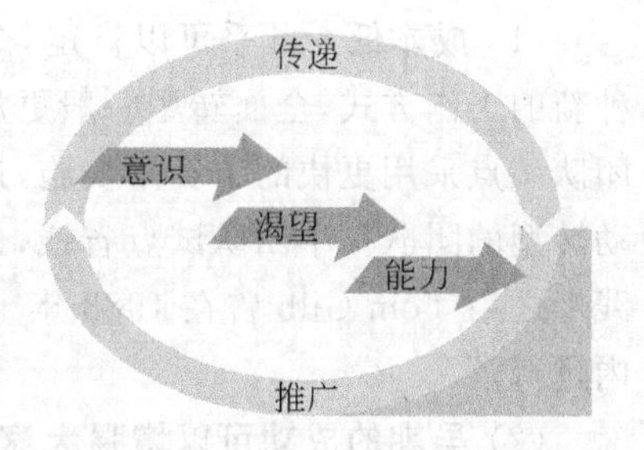

图 6-8　ADAPT 模型的 5 个活动

（1）企业层面：企业作为一个整体将参与这些活动。不管一个人或一个企业有多么强的意识，在企业有能力总体向前迈进之前，必须有非常多的人拥有相似的意识。在这个层次思考 ADAPT 模型，可以说这个公司有向敏捷转型的企业级别的渴望。

（2）个体层面：因为企业是由个体组成的，所以在整个转型过程中个体成长曲线有差异，意识到这一点非常重要。比如，你自己可能已经有能力做敏捷了，你已经学了一些新技术和有关软件开发的新思维方式。另一方面，你的同事，可能只是刚刚开始意识到当前使用的方法存在问题。

（3）团队层面：在敏捷转型过程中，团队可能会支持或者束缚个体。团队或多或少倾向于一起经历 ADAPT 周期。研究表明，一个人的朋友如果都太胖的话，他胖的可能性会更大。同样，如果团队中的其他人做敏捷都做得很好，你会更有可能产生同样的渴望。

（4）每一次实践的层面：作为敏捷实施的一个部分，ADAPT 模型也能应用于每个学到的新技能。一个敏捷团队增加对自动化单元测试的依赖是很平常的事情。团队及其成员必须先意识到自动化测试对于软件开发的重要性和现有方法的局限性。然后他们肯定会产生一种渴望，一种要做更多自动化测试的渴望，一种要在开发过程中尽早去做自动化测试的渴望。去做这些，需要团队成员中的一部分人学习新的技能。通过自动化测试宣传团队的成功，鼓励其他的开发团队去效仿。最后，传递自动化测试的成果给更多的团队，确信团队的外部压力不会阻碍团队继续前进。

无论正在使用敏捷方法还是刚刚开始实施，都需要了解当前企业、团队、团队成员处在 ADAPT 序列的哪个阶段上。例如，你正在培养 TDD（Test-Driven Development，测试驱动开发）的能力，而你的团队正在将它的成功推广到一个正渴望实施 TDD 的部门。然而整个企业，可能只是刚刚意识到需要变革而已。

模式三：小团队试点

根据多数企业的实践，敏捷过程转型通常以一个试点项目作为开始。从中吸取经验教训，然后在企业范围推广。这个方法就是我们经常使用的小团队试点模式。使用这个模式时，企业往往选择 1～3 个有代表性的团队，每个团队人数控制在 5～9 人，让这些团队取得成功，然后以此为基础推广敏捷转型。当在整个企业推广敏捷时，新团队将受益于试点团队总结的经验和教训。小团队试点有许多不同的做法，取决于企业转型的规模，以及对转型速度的要求。例如，小团队试点应用的方式就取决于企业如何去规避转型的风险以及不确定性：某些情况下，我们让试点团队在其他团队统一开始之前完成项目；而另外一些情况下，第二组团队会在试点团队完成一两个迭代后开始。

小团队试点的好处：

（1）**成本低**。几乎可以肯定，全面转型比小团队试点成本更高。大量的人同时学习一种新的工作方式，全面转型一般更加依赖于外部教练、Scrum 主管或培训师，周期很长。小团队试点采用更快的节奏来实施，这可以让企业建立内部的专业知识，用它们来帮助后续启动转型的团队。小团队试点省钱，也因为早期的错误只影响企业的一部分。最早的敏捷实践者之一 Tom Gilb 曾在 1988 年 11 月写到："假如你不知道你在做什么，请不要在大范围内进行。"

（2）**早期的成功可以增强大家的信心**。在选择小团队试点的时候，最初几个项目的目的更倾向于积累知识，这将使试点项目的成功更具有参考价值。因此建议选择容易获得成功的项目和团队，以便从中汲取经验。因为，一个早期的成功对于改变那些怀疑论者和中立者的看法是至关重要的。

（3）**规避全面转型的巨大风险**。一次性全面转型可能是非常危险的。小的错误将会在整个转型过程中被放大。也许，全面转型最大的风险就是你不可能有第二次机会了。假如你启动了整个企业的转型，然后因为犯了一个错误，增加了转型阻力，当你想退回到敏捷之前的流程，同时找出解决新发现问题的办法，这时候想让团队成员给你第二次机会重新启动转型是不太可能的。到那个时候，阻力可能会相当的根深蒂固，转型很可能会失败。相比之下，假如你是小团队试点，如果你在开始的过程中发现了致命错误，你可以让下一轮转型保持目前这个规模，而不是扩大，然后有效地重新开始转型过程。

(4) **压力更小**。21世纪的企业和员工不断地承受着压力。如果宣布整个企业开始实施敏捷，那么日常工作很多的方面将会受影响，这可能会成为压死骆驼的最后一根稻草。小团队试点会降低转型的压力，因为之前的实施者成为了教练和宣传者。他们用成功的故事以及他们面对困难、战胜困难所进行的坦诚的论述来鼓励其他团队转型。

(5) **不以企业变革为前提**。大多数完全实施敏捷的企业最终都在某种程度上进行了改组。这可能会产生更多压力，也可能会招到更多人的反对。如果是小团队试点，重组的必要性可以先放在一边，理想地实施，直到用敏捷获得有价值的经验为止。

模式四：全面转型

全面转型是指企业全面向敏捷转型。通常来讲，全面转型适合那些有着强大执行力、没有太多传统包袱的企业以及中小型企业。全面转型有如下优势：

(1) **减少阻力**。如果不是全面转型，总会有一些怀疑者希望所有的努力都是即将要被抛弃的试验品。破釜沉舟，一个全面转型的组织不仅表明了将实施新的过程，也表明已经没有退路。这种针对变革的有形的承诺有助于改革成功进行。

(2) **避免了因敏捷团队和传统的团队一起工作导致的问题**。如果公司不是全面转型，那你做的任何变革都将面临一些团队使用敏捷，而另一些不使用的风险。这意味着，有些时候，敏捷团队需要和传统团队合作，而两个团队不同的观点会导致在计划、最后期限和沟通等方面面临一些挑战。如果整个组织同时转型就不存在这些问题了。

(3) **使转型更快结束**。企业敏捷转型永远不会"完成"，要持续地进行改善是本书核心宗旨之一。但是，会有一个时刻，员工可以回顾过去，然后说："转型过程的最糟糕的日子已经过去了。"全面转型的公司能更快地到达这一时刻。

小团队试点是大部分敏捷实践者推荐的，也是大部分敏捷实践者使用的默认方法。这种方法结合了低风险和高成功率，使人很难找到它的缺陷。当公司的领导不愿意完全承诺实施敏捷时，要选择小团队试点。即使是一次小规模的成功，也是说服怀疑者的最好方法；当失败有巨大代价时，要选择小团队试点。如果转型失败的代价太大，小团队试点是正确的方法，即使这对于整个企业来说未必是最好的方法；当你的企业迫切希望看到敏捷带来的好处时，小团队试点可能不是最好的方法。但是，如果你采用了小团队试点，成功后要迅速扩展。小团队试点是安全的，但它是缓慢的。

全面转型仅在有限的几种情况下使用。如果转型时间是最关键因素，要采用全面转型。虽然全面转型更昂贵，但花的时间更少。如果时间是你最关心的，全面转型可能是最好的解决方案。假如你像Salesforce.com一样，要向少数批判者和干系人明确表示会将敏捷坚持到底，就考虑使用全面转型。

如果你没有足够有经验的敏捷教练来指导每个团队，请不要使用全面转型。敏捷教练来自企业的外部还是内部，在短期内无关紧要，但记住，最终，你要让所有的敏捷教练都是内部的员工。最后，关于团队规模，假如你们只有10个人，你可以全面转型，但是对于超过400个人的团队，全面转型可能就不太合乎常理了。

模式五：迭代式的转型

迭代式的转型模式来源自 Mike Cohn 的 *Succeeding With Agile* 一书，它是指不管是即将要实施敏捷，还是准备对已有敏捷的实施做出微调，都要用敏捷的方式来管理这些工作。遵循迭代的转型流程，在持续的基础上做出小的变化，对于本身就是迭代的开发流程而言，这是合乎逻辑的做法。这样做更可能形成一次成功的和可持续的转型。

以下是一个例子。2004年，Shamrock 餐饮公司的领导们开始意识到他们所在行业的变化越来越快。作为美国餐饮业最大的10家经销商之一，Shamrock 公司20年来都使用一种传统的、自上而下的战略性计划流程，每年都要花费数月时间来创建一个5年计划，可是墨水汁还没干，这个计划就过期了。为了解决这一问题，公司的首席执行官 Kent McClelland 放弃了这个已使用了20年的方法，而开始使用基于 Scrum 的迭代式的战略计划流程。

Shamrock 的流程围绕着每季度一次的战略"Scrums"（冲刺）进行：团队成员聚在一起花一天的时间开会，评估公司上一季度根据行动计划实施后的表现。要他们找出自上次会议后，了解到的公司战略中最重要的东西，并建议如何在后续的策略中集成它们。团队为下一阶段制定行动计划。除了每季度的 Scrums（冲刺），参与者每年还要花3天时间碰头，用来回顾与修订公司的战略假设。

45位经理与雇员参加了这些冲刺，并被选为各部门或各领域的代表。在每个季度冲刺的开始阶段，这些参与者选出他们一致认同的公司需要改进的几个关键点，也即所谓的主题。因为 Shamrock 的 Scrum 是用于公司改善事务，而非软件开发，所以主题就代表了广泛的商业目标。比如，包括提升 Shamrock 品牌的收入，如何才能更好地为 Burger King 这样的大客户服务，以及加强公司在招聘、保留和发展优秀雇员方面的能力。

很多公司的改善倡议失败，是因为计划做得不够明确而且也不具备可操作性。因为使用 Scrum，Shamrock 的雇员就不能只是挑选出要改善的主题，计划制定者要制定出一揽子明确的、可度量的以及可以提升每个战略主题的战略倡议，并且需要排好优先级。然后再制定出细致的行动计划，设置好可度量的、能在90天以内达到目标的产出。

Shamrock 的故事不仅说明了 Scrum 的广泛适用性，而且也可以作为一个例子说明如何使用 Scrum 来改善企业管理。

6.4.3 选择敏捷工具

在实践中，仅仅有敏捷思想、方法、理论是不够的，适合的工具是敏捷落地的重要保证，在敏捷中使用到的工具大致可以分为以下4类：

(1) 非 IT 类工具。非 IT 类工具虽然看似传统落后，但有时却更生动形象，能够激起参与人员的兴趣，使气氛更加融洽与活跃。并且它们在一些场合中也具备随手就可以拿到等

IT工具所不具备的便捷性，例如卡片、纸条、线绳、笔、彩色笔、图钉等。

（2）传统IT工具。传统的IT工具在敏捷中是必不可少的，很多传统IT工具只要在使用形式和习惯上做一些改变，就可以使其完全适应敏捷。即使不使用敏捷专用工具，也可以将敏捷做得很好，例如Excel、Word、MS Project、SVN等。

（3）专业敏捷IT工具。专门为敏捷方法定制的管理与实践工具也多种多样，它们从管理和流程上都针对敏捷方法和敏捷框架做了实现，有针对性，与敏捷配合得更好。例如Rational Team Concert、Rally、VersionOne、Mingle、Jenkins（持续集成）等。

（4）自建IT工具。对于一些大型的公司或团队，他们大多数都原有一套自己的开发管理平台系统及需求，这样就需要对自己原有的开发管理工具进行一些改造或使用方式上有所转变，使之能适应敏捷的一些特性，从而既保留原有的一些管理需求，又能使其敏捷化。例如用友集团之前使用一套自主研发的全生命周期研发管理平台，进行企业级敏捷转型后，准备对其进行改造，增加人员交互协作、敏捷实践管理等内容，这样既节省了成本，又不会对原来的工作模式和习惯有颠覆性的改变。当然还有另一种情况，就是企业在进行敏捷转型的同时自主研发一套符合自己需求的敏捷工具。

6.4.4　改进组织和研发流程

1. 研发流程改造

敏捷转型需要对现有的顶层研发体系与流程进行改造，使其敏捷化，否则，在传统的研发体系与流程下施行敏捷，只能说是使用了一些敏捷实践，而整个研发体系并不是敏捷的，这样很难带来全面、真正的收益。

目前大多数软件企业的研发流程和体系都是依据CMM/CMMI的，其实CMM/CMMI与敏捷并不是完全水火不容的，一定程度上是可以相辅相成的。有人会说CMM/CMMI就是要求很多的文档，而敏捷则要求很少的甚至没有文档，但在标准的CMM/CMMI中，实际上并没有要求大量的文档，而是在各种体系和流程下监控、度量的一个手段，CMM/CMMI中的一些体系和流程，都可以以某一种形式精简到敏捷之中，使用了敏捷之后，也可以一定程度地达到CMM/CMMI的管理和度量要求。在实践中使用敏捷，在管理和度量中使用CMM，就是一个很好的结合形式。

真正意义上的敏捷，并不仅仅是敏捷“开发”，还包括敏捷需求、敏捷管理、敏捷测试，以及让研发资产也敏捷起来，等等，甚至是敏捷市场、敏捷实施。所以企业进行敏捷转型时，不能只关注于“开发”这一个独立的环节，而是要把敏捷在需求、设计、开发、测试甚至市场、售前、实施的整体研发流程中“融会贯通”。

进一步来说，研发流程改造包含两个层次的内容，第一个就是狭义上研发内部的流程，指的是从产品的需求、设计、编码到测试，一般是包含在一个公司的研发序列部门的；第二个就是广义上的研发流程，是指从产品的初期市场规划、中期的产品研发、售前到后期的实施，也就是在集成产品开发(IPD)组织中，几乎涵盖了整个公司的所有部门。一些企业在做敏捷转型时，往往只考虑了第一个层次的内容，结果很容易导致研发与市场、实施的脱节。所以企业进行敏捷转型，应该是"企业级的敏捷"，而不是"研发级的敏捷"，将企业中的市场、研发、实施等流程打通，敏捷化、一体化、高效化，每一阶段都关注产出物对客户价值的实现，这样才是一个真正"敏捷"的、能为客户和自己带来价值的企业。

2. 组织架构改造

对部门、人员的组织架构进行改造，使之适应敏捷。对组织架构的改造可以说是比较困难的一个环节，敏捷化的组织架构可能对原有的组织体系有很大的改革，甚至精简，会涉及到某些人的职位和利益调整，所以在施行的时候往往受阻。建议可以先以某一个项目为试点，为此项目建立一个虚拟化的职能组织，项目涉及到的相关的人员和部门组织形式、角色责任及协作方式要明确，并且符合敏捷特性。待获得实际收益后，再着手进行企业级别的实际组织变革。

在大型企业中，需要考虑分层的敏捷组织，一个常规的敏捷团队由5～10人组成，但当敏捷开发在大型企业推广开来后，一个大型项目可能需要几十甚至上百人参与，这时就需要考虑将其拆分为多个独立的敏捷团队，即多个实体化的敏捷团队构成了一个虚拟化的敏捷团队，而此虚拟化的敏捷团队中，也具有敏捷框架中的各个角色。另外，组织也应该是"敏捷"的，也应该具有能够适应快速的组织变化的体系结构和能力。

推荐企业在做敏捷转型准备时成立一个转型工作小组，这个小组由部门主管、其他项目组的主要负责人以及已经实施Scrum项目组(试点团队)的关键成员组成，最好再有一个外部的敏捷教练做指导。转型工作小组负责把实施Scrum项目组的经验和教训转化成部门实施Scrum的第一个工作版本。

同时，在大规模的复杂产品研发组织中，作为取得组织级敏捷效果的保障，分层的敏捷组织也是必需的，必须使各层次研发的决策和运转也要敏捷起来。

附录A 国外敏捷转型实践参考

敏捷已经逐渐地被越来越多的企业所认同,许多软件开发公司都在极力向敏捷转型或是开始尝试敏捷。许多企业取得了成功,而许多企业则又回到了原来的老路上。为什么有的企业取得了成功,有的企业却失败了?因为敏捷看似简单,但转型实施起来并不容易,往往比预期的困难得多。实施敏捷是一场变革,这些变革不仅要求开发人员也要求企业中其他的成员给予大量的付出,除了在工程技术实践上的改变,思维模式和观念的改变更加关键。

附录A收集了国际敏捷大师、知名企业转型实践经验,整理出了一些敏捷转型过程当中可以参考的模式和实践,期望能给企业敏捷转型提供一些帮助。

A.1 敏捷转型实践

A.1.1 改善待办列表

如同Scrum开发项目使用产品待办列表,也应该使用改善待办列表(Improvement Backlog)跟踪记录企业实施Scrum的工作。改善待办列表列举了企业在实施Scrum过程中可以做得更好的所有事项。当IBM开始实施Scrum时,它的改善待办列表包括下列事项。

- 增加使用Scrum的团队数量
- 自动化测试的使用
- 使团队能够实现持续集成
- 想出如何确保每个团队都能有一名产品负责人
- 确定怎样度量实施Scrum的影响

• 增加单元测试和测试驱动开发的使用

表 A-1 中显示的改善待办列表是动态的，某些条目会被加入，某些条目则可能因为已完成或没有必要而被移出。

改善待办列表是关于企业内部那些待发展的能力、待执行的工作或待处理的问题的列表。

表 A-1 企业改善待办列表示例

条 目	责任人	说 明
创建一个“Scrum 办公室”(像一个项目管理办公室)，以便团队可以从中寻求帮助		Jim(CTO)将在月度开发会议上重点谈及这点。我们看看这么做是否有好处
建立一份培养 Scrum 主管的内部计划		我们怎样辨别好的内部候选人？如何培养他们
在公司收集与传播 Scrum 成功的故事	SC	Savannah 表达了这方面的兴趣
内部开发一个继续教育项目		考虑一个季度性的“开放空间”会议。挑选并联系行业专家来做一个小时的午餐会议
开始做大量的自动化单元测试(即使不是测试优先)并使用 Fitness		取得了最大进步的 Scrum 团队(由部门投票选出)的所有成员都能参加夏天的敏捷 200x 大会
帮助一个社区团队决定多少预先架构是足够的	TG	Tod 开始征求志愿者，但他说要到下季度才能提交目标
解决与后勤之间关于二楼小隔间重组的争议	JS	Jim 会跟 Ursula 谈论用在后勤上的预算
精心准备为什么我们要实施 Scrum 的消息；让 Jim 在月度会议上讨论这个议题	JS	下次会议在 3 月 25 号

小部门或单个项目级别的转型使用单个改善待办列表。当 Scrum 要在部门或企业级别上实施时，因为转型的工作很大，所以需要使用多个改善待办列表，这些待办列表中每个都由社区创建，这些社区的成员都是那些对改善企业抱有热情，并愿意使用特别方式的个体。例如，一个社区及其对应的改善待办列表可能专注于弄清楚怎样在 Scrum 项目上用最好的方式做自动测试，另一个则专注于如何培养并成为伟大的 Scrum 主管等。

另外，对于大的转型，可以有一个主要的改善待办列表——它由主导企业整体转型的小组维护。

A.1.2 企业转型社区

发起、鼓励与支持企业引入和改进敏捷的小组称为企业转型社区(Enterprise Transition Community，ETC)。企业转型社区的存在是为了创造一种文化、一个氛围——那些对企业的成功抱有满腔热情的人尝试做出改变，而这些人的成功又使更多的人产生更大的热情。

ETC不是通过给企业强加变革来做到这点，而是通过指导实施变革的小组，消除障碍以便做好Scrum，利用为变革创造的活力与激情来做到这点的。

ETC的成员，通常不超过12人，他们来自参与Scrum转型的最高级别人员。如果一个公司在企业范围内实施Scrum，ETC应包括工程与开发的资深人员以及产品管理、市场、销售、运营、人事等各个小组的副总裁。如果是在部门级别上实施Scrum，ETC可包括工程的副总裁和QA、开发、架构、交互设计、数据库等部门的领导。其中的关键是ETC要由转型发生所在级别的最为资深的人员组成。

有时，Scrum是由企业底层的人发起的。一个团队尝试了Scrum，很成功地完成一个项目，然后别的团队对此产生兴趣，于是Scrum就此传播开来。在这种情况下，ETC通常很自然是由一些早期倡导者组成，他们得到老板批准，可以花时间帮助其他团队学习Scrum。有时出现的障碍需要老板的支持，于是老板也要加入ETC。另外一种情况是在企业范围内实施Scrum时，当做出要在企业广泛的范围内实施Scrum的决定时，对ETC的成员组成可能更要深思熟虑。

1. ETC冲刺

因为ETC与Scrum开发团队一样使用Scrum，所以他们也通过冲刺取得进展。每个ETC冲刺以计划会议开始，以评审和回顾会议结束。这些会议和Scrum开发团队的那些会议完全一样，也经常发生同样的问题。来自KeyCorp(一家大型美国金融机构)的Thomas Seffernick，参加了他所在公司的ETC的第一次回顾会议。他回忆了团队如何犯下许多新Scrum开发团队会犯的一个共同错误——与演示工作中取得的进展相比，他们更愿意谈论计划。

ETC冲刺的长度取决于ETC成员。通常来说，两周是最好的。这也是Ken Schwaber在2007年所推荐的冲刺长度。Elizabeth Woodward是指导IBM大规模实施敏捷的ETC成员之一，他如下描述有关他们冲刺长度的经历：

我们用过2周和4周的冲刺。迄今为止，我们看到最成功的是2周的冲刺。我相信其中的原因在于其"交付物"展示的良好势头和对外可见的进度。我们把各个社区的工作收集到一个简短的摘要中——它是一封能让人们在15分钟内就可读完的E-mail。

2. 发起人和产品负责人

很多成功的Scrum案例都由一个明确的发起人启动和推进的，发起人是企业中需要对转型成功负责的一位资深人士。Salesforce.com非常成功的大规模转型就由公司的一位共同创始人Parker Harris发起。作为负责技术的执行副总裁，Harris处在一个绝佳的位置，可以来支持这样的一次变革——它会极大地改变Salesforce.com开发组织中每个人的工作方式。

发起人应与企业里正在计划实施转型的部门级别匹配。Salesforce.com需要公司管理层作发起人，这是因为其转型是整个企业范围的。如果是部门的转型，那么一个部门级别的领导是合适的选择。

发起人也是ETC的产品负责人。这意味着，有时ETC的产品负责人是对Scrum没有什么直接经验的人。不过没有关系，如同所有的产品负责人一样，ETC的发起人能够通过寻求其他ETC成员的帮助来履行这个职责。作为ETC最资深的成员，发起人将在转型实施的沟通中扮演重要的角色，但他不是孤立的，他可以得到其他人的帮助。

3. ETC的职责

ETC是一个工作小组，而不是决策委员会。在冲刺计划时，ETC承诺完成一定量的工作，并在冲刺结束时演示它们。然而，比这些ETC实际要完成的工作更重要的事情，就是激发别人的兴趣。ETC成员靠自己只能取得一点成果，他们需要依靠组织的其他人去完成实施Scrum和走向敏捷所需要的大部分工作。变革管理专家Ed Olson和Glenda Eoyang赞同这个观点："在一个自组织的系统里，领导的作用很重要，但创新和持久的变革依赖于企业中不同级别、不同位置的许多个体的工作。"

ETC最重要的职责之一是围绕Scrum的实施而创造活力。当然不是每个人都会为变革感到激动，但ETC需要点燃那些为成功实施Scrum而工作的人的热情。ETC成员如何做到这点？那就是展示自己的热情，以及参与正在发生的变革相关的建设性对话。为了激励企业中其他人，让他们参与到这类实施Scrum所需的创新和长期的变革中，ETC的职责包括。

(1) **清楚表达背景**。ETC不只是勾勒出企业敏捷的前景。它既要帮助雇员们懂得变革的需要，也要培养他们做出改变的意愿。这就需要清楚表达变革相关的背景：为什么？为什么是现在？为什么用Scrum？ETC成员用他们的资历、个人公信力和更多的东西去帮助其他人理解这些问题的答案。

(2) **鼓励对话**。美好的东西总在人们的对话中出现。争辩不同技术实践的好处，分享成功的故事，探讨失败原因以及一些其他的讨论会，可以产生不错的想法。

(3) **提供资源**。实施Scrum需要花费时间、精力和金钱。例如，试图学着怎样才能变得更敏捷的人(比如说，如何在复杂的代码库上写自动单元测试)可能需要授权获得某些开发项目以外的时间做这些事情。由于ETC包括了参与转型的大部分资深人员，他们有能力确保时间和金钱两者的有效支持。

(4) **设置合适的目标**。具备清晰定义和确实可达目标的变革尝试有10倍的可能性获得成功。ETC负责为转型设置合适的目标，并做好沟通。随着企业的改进，这些目标有可能(而且是应该)随着时间而变化。ETC可设立的目标包括年度发布修改为季度发布，发布后缺陷率下降50%等的目标。

(5) **人人参与**。Scrum的触角很长，会涉及到企业的许多领域。ETC确保转型的尝试不会变成狭隘地聚焦于一个小组。在受到影响的小组中，要鼓励广泛的参与。

4. 额外的职责

除了鼓励人们参与转型外,ETC还有如下额外的职责。

(1) **预料和处理人们的问题**。ETC要尽可能预计到哪些小组或个人会极力抵触Scrum所带来的变化,并积极和他们一起解决问题。在这点上,跨职能的ETC人员组成结构很有好处,因为它能让小组从多角度对待问题。

(2) **预计和消除阻碍**。ETC成员负责消除任何实施Scrum的过程中横亘在企业前的障碍。但是ETC不光只是解决已知的问题,它还要能预计到有哪些阻碍,并在真正变成问题前解决它们。

(3) **鼓励对实践和原则的同时关注**。实施Scrum包括吸收新的实践和尊重新的原则。企业不能接受没有原则指导的实践,也不能采纳没有被实践检验过的原则。一个有效率的ETC要寻找实践和原则之间的不平衡的地方。如果其中一个被接受的速度快于另外一个,则ETC通过在速度慢的那方展开对话,投入关注与资源,让两者回到同一起跑线。

A.1.3 改善社区

改善社区(Improvement Community,IC)是由这样的一群人组成的——他们聚集在一起,协作工作,以便改善企业中Scrum的使用。IC的成立,可能是因为有人开始注意到ETC改善待办列表中的某个事项,并决定一起工作实现这个目标。或可能是因为有人发现了一个还没有被ETC探查到的改善机会,并对之抱有热情。例如IBM有5个IC,分别专注于测试自动化、持续集成、测试驱动开发、产品负责人的角色和Scrum自身的通常实践。

另外,请记住ETC最大的目标是创造一个环境,让改善社区能确认自己的目标,并自发地组织起来处理它们。

你可能对改善社区是否也能用冲刺工作有怀疑。从ETC来说,每个IC可以选择自己的冲刺长度,但2周是被推荐的。自发组建的IC通常有自己的产品负责人,社区成员选举决定把时间投入到自己热情度最高的改善点。另一方面,如果IC是为了响应ETC指定的目标成立的,则通常会以ETC的某个成员为产品负责人,并与之一起计划冲刺。

就是说,改善社区的存在不是为了服务于ETC,它是为了服务于客户:创建产品或系统的Scrum开发团队。尽管ETC成员会作为某些改善社区的产品负责人,同时也作为冲刺评审的正式产品负责人,还是希望从感兴趣的开发团队中找到可以作为活跃的冲刺评审参与者。而且,聪明的ETC懂得,只有给予改善社区在实现目标的过程中广泛的自主权,它们才会取得最好的结果。这意味着在实际中,即使IC是为ETC指定的目标而成立的,也能够自己计划优先级,在企业用特定方式进行改善的需求和成员们愿在这些事情上投入工作的热情之间做出平衡。

在冲刺计划会议上,每个改善社区挑出一件或多件它承诺能在这个冲刺完成的目标。

若改善社区是为响应 ETC 的某个特定目标而成立，那冲刺计划可以这样开始：到 ETC 的待办列表中挑选一个事项，把它划分成更小的事项，然后放进改善社区的改善待办列表。用一个例子来说明这种情况。

在前面表 A-1 中显示的 ETC 改善待办列表有一项“建立一份培养 Scrum 主管的内部计划”。在 ETC 把它放入改善待办列表后的一个月，一个改善社区成立了，它使公司的其余人清楚地知道发起这个计划会有价值。社区发起时只有 3 个人，但这已足够向该目标前进。第一次冲刺计划会议上，他们讨论了 ETC 的“建立一份培养 Scrum 主管的内部计划”的目标，创建了用于实现该目标的改善待办列表，可参考表 A-2。

表 A-2　改善社区“建立一份培养 Scrum 主管的内部计划”的待办列表

内　　容	注　　解
弄清楚怎样去鉴别可以成为 Scrum 主管的好的候选人(除了那些要求参与这个计划的人)	
建立内部培训计划	
开发一些内部的课堂培训。哪些课程？谁能教？开发自己的材料还是购买	
决定我们内部可以教授哪些课程	
获取明年的外部培训经费。多少天？以什么样期望的时间频率	James 已经从 3 位教练那里问到了时间频率
看看与本地用户组分享请人演讲的经费方面，我们能做什么	Savannah 联络了本地的 Scrum 午餐会议小组

在冲刺计划时，社区成员分担了表 A-2 的一些条目，并定义了实现这些条目的必要任务。例如，表 A-2 中的最后一项(与本地小组讨论以分享请人演讲的经费)，社区定义了如下的任务。

- 搜索网络看看本地有多少用户组。
- 创建费用的预算表。
- 发邮件给内部的贡献列表，看看这里是否有人与这些小组有联系。
- 建立电话会议，介绍自己和我们在干什么。
- 主导电话会议。看看是否有小组已经把邀请演讲者的费用和另一个公司一起分担，看看谁能和我们一起研究这个问题。
- 和 Susan 一起检查预算并请求批准。

在开发团队的冲刺计划会议上，社区评估每一事项，并决定能够承诺在冲刺中完成的任务。两周后在冲刺评审会议上，团队给产品负责人，也是 ETC 的一位成员，展示了一个本地用户组的列表，以及一个计划，该计划是关于每年和一个用户组一起工作两次，一起承担邀请全国知名的演讲者来此的经费。

A.2 大规模敏捷

通过收集国际敏捷大师 Scott W. Ambler 敏捷开发实践经验，整理出了大规模敏捷转型过程当中可以参考的一些模式和实践。[①]

主流的敏捷方法，例如 Scrum、极限编程 XP 以及精益软件开发 Lean 等，其初衷更多的是面向小型的，在同一地点办公的团队，这一点从它们所提倡的很多敏捷实践也可以得到印证，例如每日站立会议，强调面对面地沟通等。目前由于来自产品质量、团队效率、按时交付等方面(正是很多敏捷实践所解决的问题)的压力，导致很多大型团队/企业开始考虑采纳敏捷实践。Agile Journal 调查研究表明，有 88%的公司，大部分超过 1 万名员工，开始在项目中使用或评估敏捷实践。敏捷已经是事实上的具统治地位的软件开发范式。但 Ambysoft 调查发现，只有 53%的被调查者声称他们是在有效的"敏捷团队"，这意味着敏捷方法存在过度宣传、滥用或错用的情况，事实上，即使采用敏捷，也依然存在大量的团队过程混乱、项目失败的现象。

敏捷绝对不是无组织无纪律的借口，事实上，主流的敏捷方法例如 XP、Scrum，都定义和要求了相应的纪律和准则，甚至比起传统开发方式要求更加严格。需要指出的是，主流敏捷方法承认其并未提供足够的针对企业软件开发转型的指导，当团队成员数量超过一定规模时，需要针对敏捷方法进行很大程度的调整。同时，主流的敏捷方法只是对整个产品/项目生命周期交付中的部分阶段提出指导，更多的关注于开发过程主体，并非针对整个生命周期。因此针对这类企业进行调整和定制将花费大量人力物力，同时带来巨大的风险。

基于上述考虑，Scott W. Ambler 提出了敏捷规模化模型(Agile Scaling Model，ASM)的过程框架与演进路线。

A.2.1 敏捷规模化模型

敏捷规模化模型(ASM)是 Scott W. Ambler 集多年大型组织/团队敏捷开发实践之大成者，它定义了一个路线，以指导组织和软件开发团队有效地采用和调整敏捷战略，以达成转型目标并规避风险。其路线图如图 A-1 所示。

敏捷规模化模型定义了企业敏捷开发的 3 个层面，可以理解为从项目规模、团队规模、地域分布等因素衡量时，一个企业自上而下不同层面的工作重点；也同样可以理解为当企业进行敏捷转型时的不同阶段，在不同敏捷成熟度阶段，有相对应的关注点。第一个层面是敏捷开发核心，这是以敏捷宣言、敏捷价值观为主的实践，具体内容可参见前面的敏捷开发

① 注：有关 Ambler 敏捷相关模型和理念，所有信息来自其网站 www.Ambysoft.com

知识体系核心内容。很多企业也正是从这个层面上开始进行敏捷转型的。在这个阶段，更加关注团队与个人的相关实践，特征是价值驱动，通过日常的高度协作，自组织的团队，以交付高质量的产品。通常是面对小型的团队，团员都处于同一开发场所，而产品相对直观，团队关注度在于开发环节。第二个层面是进行有纪律的敏捷交付（Disciplined Agile Delivery），将主流集中在构造实现方面的敏捷，扩展到从项目的初启直到最终交付的整个交付生命周期之上，特点是在价值驱动之上考虑风险管控以提升成功率，自组织团队之上辅以适当的管控加以平衡，由构造实现延伸到整个交付生命周期。与敏捷核心相似，这个阶段同样关注于小型同一地点开发的团队。第三个层面敏捷及其伸缩性，是基于有纪律的敏捷交付基础上的进一步扩展。扩展性体现在例如团队规模变大，地域分布式的开发模式，领域特性进一步复杂化，技术的复杂性提升，以及企业层面，如企业架构、战略重用、组合管理等以及合规性要求在项目中的比重逐渐上升。当存在上述一个或多个规模化变量时，组织应如何调整战略以解决团队面临的复杂性问题，是这个阶段重点解决的问题。

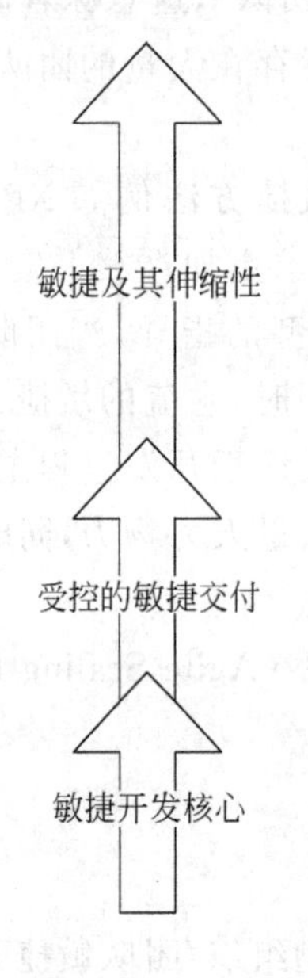

- 受控的敏捷交付模型，其伸缩性受以下因素影响：
  - 大型团队
  - 分布于不同地域的团队
  - 强硬的管理控制
  - 领域复杂度
  - 分布型组织
  - 技术复杂度
  - 组织复杂度
  - 行业约束

- 风险+价值驱动生命周期
- 恰当管理框架内的自管理
- 产品交付全生命周期

- 价值驱动生命周期
- 自管理团队
- 关注于产品构建

图 A-1　敏捷规模化模型

A.2.2　有纪律的敏捷交付

DAD(Disciplined Agile Delivery，有纪律的敏捷交付)是一个演进、持续的提供高质量的产品，在整个交付生命周期以风险和价值进行驱动，在适度管控的框架下以高度协作的、有纪律的且自组织的方式运转。干系人的主动参与以保证团队理解和实现需求以及变更，最大化地提供业务价值。有纪律的敏捷交付团队能够视情况进行过程调整，以提供可重复的结果质量交付。

DAD是一个混合的过程框架，吸取、重用并增强了众多主流敏捷方法的优点，例如Scrum、XP、OpenUP等的策略与实践。一个典型的重用就是DAD扩展了Scrum活动生命周期（如图A-2所示），Scrum以需求优先级对产品待办列表进行排序，以持续的时间段（Scrum称为冲刺，而其他方法例如DAD称为迭代）增量的交付，举行每日站立会议，并且在每个阶段（冲刺、迭代）结束进行演示，以获取关键干系人的反馈。

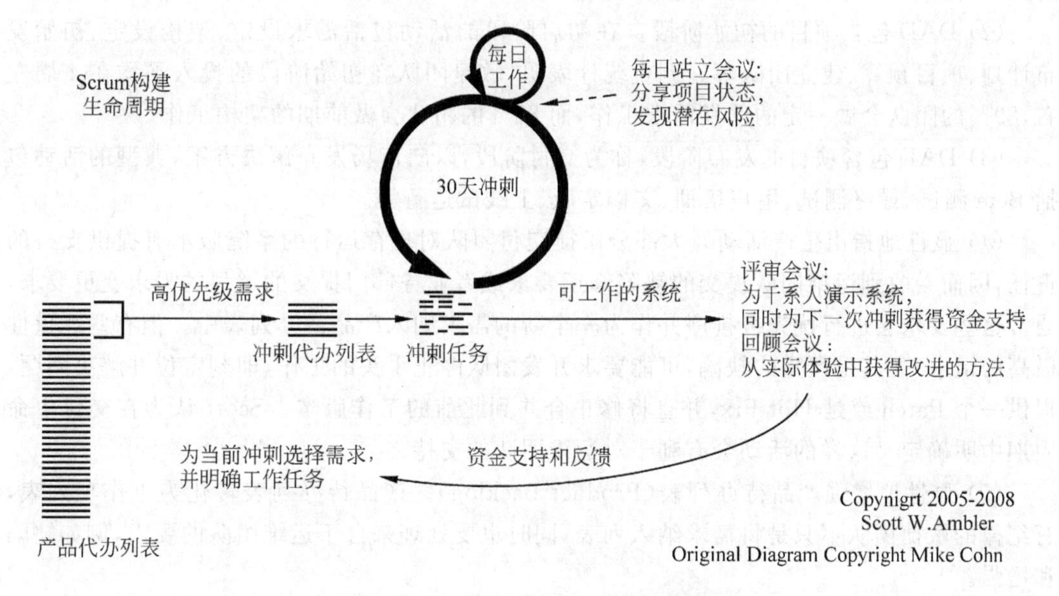

图A-2 Scrum生命周期关注构造阶段

DAD继承了上述Scrum的良好实践并加以采纳和增强，将其进行扩展到整个产品/项目交付生命周期。DAD的扩展具体体现在以下几个重要方面（如图A-3所示）。

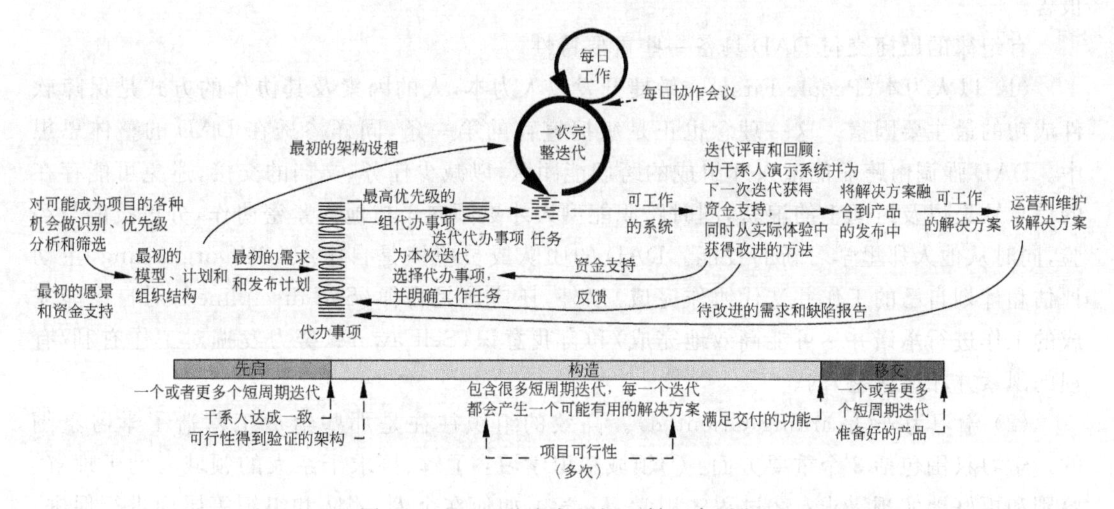

图A-3 DAD关注完整的交付生命周期

(1) 显性地定义具体阶段：主流开发方法更多描述的是构造阶段，但事实上它们都会在项目起始阶段经历一个初始的投入——Eclipse Way的"热身"，OpenUP的初启阶段，Scrum的冲刺0，其他方法的迭代0等。并且最终都有交付阶段（如果能交付的话），例如Eclipse Way的"游戏结束"。DAD将在这些事实上存在，但没有具体说明的甚至被忽视的阶段，显性展示出来。

(2) DAD包含项目的初始阶段。在初启阶段的活动包括需求设定、架构设定、初始发布计划、项目预算、建立团队等。调查统计表明，敏捷团队在初始阶段的投入平均在4周左右，89%的团队会做一定的前期需求工作，而85%的团队会做前期的架构工作。

(3) DAD包含项目的发布阶段，称为交付阶段，以向市场发布解决方案，典型的活动包括Beta测试、最终测试、用户培训、文档定版、上线试运行等。

(4) 显性地指出生产活动。大部分敏捷交付团队对现存运行的系统版本有提供支持的责任，因而会收到运维团队提交的缺陷修正要求或者业务部门提交的增强的需求变更要求，通常这些要求会进行优先级排序并作为一个新的需求纳入产品待办列表中。但有些严重性极高的请求，尤其是严重的缺陷，可能要求开发团队停止手头的工作，即刻定位并解决问题，提供一个Patch或是Hot Fix，并且将修正合并到此前的工作版本。Scott认为在交付生命周期中明确定义这样的活动会有利于对运维团队的支持。

(5) 显性地增强产品待办列表（Product Backlog）。产品待办列表转化为工作项列表，有纪律的敏捷团队不只是将需求纳入列表，同时也要处理来自于运维团队的要求，例如缺陷和增强。

(6) 显性地包含关键里程碑。DAD的一个重要方面是它不止提供例如Scrum的自组织，同时包括适度管控的框架。有纪律的敏捷团队是处在一个大型的组织当中，必须遵循组织的开发规范，与相关的团队之间进行信息交互，同时向高层管理者提供各种统计分析报告。

有纪律的敏捷交付DAD具备一些重要特性。

(1) 以人为本（People First）。敏捷开发以人为本，人的因素及其协作的方式是保障软件成功的最主要因素。这一理念也正是敏捷宣言的第一条，同样渗透在DAD的整体思想中。DAD强调由跨职能型人才组成的跨职能团队，以减少任务、文档的交接，避免可能存在的信息缺失以及时间上的浪费，同时跨职能型人才更倾向于与他人紧密协作，分析技能与经验，同时从他人那里学习新的技能。DAD的团队成员应该是自组织（Self organizing，主动评估和计划自己的工作并迭代协作完成）以外，还应该是自律（Self-disciplined，对自己能完成的工作进行承诺并尽可能高效地完成）和自我意识（Self aware，努力发掘对工作有利/有损的因素并相应调整）的。

(2) 学习为先（Learning-Oriented）。高效的组织往往是那些给员工营造了学习氛围的。学习氛围包括3个重要方面：①领域知识学习：了解、探求干系人的领域有助于理解、鉴别和更好地实现需求；②过程知识学习：学习如何在个人、团队和组织等层面进行促进；

③技术知识学习：学习软件开发及软件工程相关工具与技术。DAD在建立学习氛围方面也提出一些建议，例如基于Web 2.0的社区和工具等。

(3) 敏捷(Agile)。DAD过程框架遵循并增强了敏捷宣言的价值和原则，强调干系人满意度以及提高投资回报率ROI，结合迭代的持续的交付以及测试驱动开发和回归测试以及重构等实践，强调使用自动化工具以支持相关实践并提升执行效率和效果，这些原则也可以从下面的"混合过程模型"中也得到印证。

(4) 混合的过程模型(A Hybrid Process Framework)。DAD从主流敏捷方法以及其他传统开发方法中汲取经验和实践并加以优化和结合，许多实践在敏捷社区广为讨论，例如持续集成、每日站立会议、重构等，其他实践可能广泛使用但由于种种原因并未广为人知，例如初始需求设定、架构设定、生命周期结束循环测试等。DAD的过程框架是一个混合模型，它借鉴了众多方法论中的良好实践并将这些实践进行吸收和相互融合，Scrum是其中最重要的一个来源，DAD采纳了按优先级排序的产品待办列表、代表干系人的产品负责人、定期产生可交付的产品等，同时替换了一些难以理解的术语，例如用迭代替换冲刺。其他吸收的方法论思想例如极限编程的持续集成、重构、测试驱动、集体所有权等；敏捷建模的需求设定、架构设定、迭代建模、持续文档、适度建模等；敏捷数据中数据库相关的实践等；看板中的可视化工作以及在过程中限定工作两个重要概念，这也是对精益开发的7个原则的重要补充。

(5) 解决方案而不仅是软件(Solution over Software)。DAD过程将团队的关注点从开发软件转变为提供方案——恰好能为干系人提供真实的业务价值。软件固然重要，但解决干系人的问题并提供业务价值才是开发的最终目的，关注点的转变有助于帮助开发团队从整体角度看待软件开发过程。

(6) 目标驱动的生命周期交付(Goal-driven Delivery Life Cycle)。DAD关注完整的软件开发生命周期，明确定义不同阶段迭代的关注点不同，通过明确的定义初启、构造以及移交阶段，并定义轻量级的里程碑，保证在正确的时间关注正确的事情。这一点与主流敏捷方法只关注构造阶段有显著区别，可参考比较前面Scrum生命周期以及DAD完整交付生命周期两张图表。DAD的交付生命周期有几个重要特性：①完整的交付生命周期，涵盖从项目初启到方案交付；②显性的阶段，DAD定义的3个阶段也同样体现了敏捷的3C(Coordinate-collaborate-conclude)；③明确移交过程，DAD强调开发与交付的过程衔接以及对产品的运维提供支持，及时获取反馈并及时响应；④明确的里程碑，适度管控并有效减少风险。DAD是目标驱动的，组织和团队在项目的不同阶段目标是不同的，因而对过程需要加以适度调整以适应不同阶段的不同关注重心，为此DAD过程总结了如图A-4所示的目标映射以帮助组织和团队进行过程调整。

图A-4仅列举出DAD过程的一些重要目标，下面是具体针对初启、构建以及交付的每一个过程，如图A-5～图A-7所示，结合3C的节奏对其进行详细描述，详细内容请参见Scott Ambler有纪律的敏捷交付相关白皮书，在此不做详细描述。

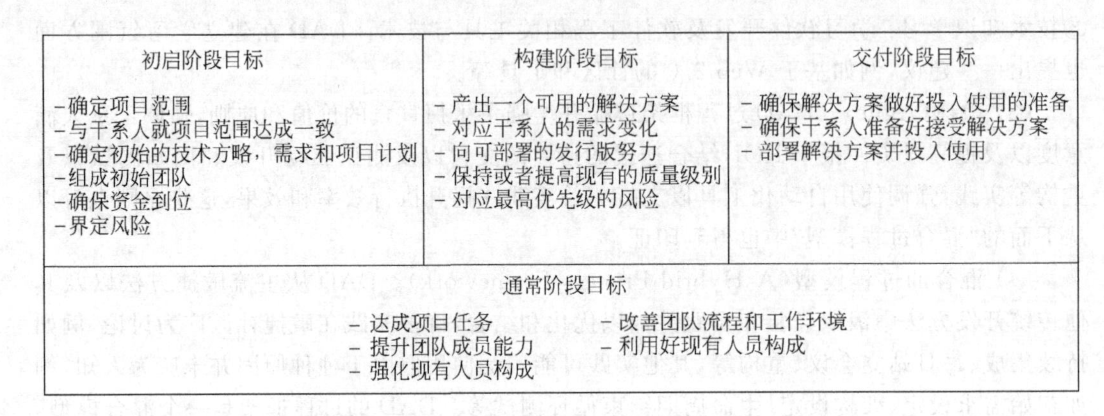

图 A-4　DAD完整项目过程关注目标

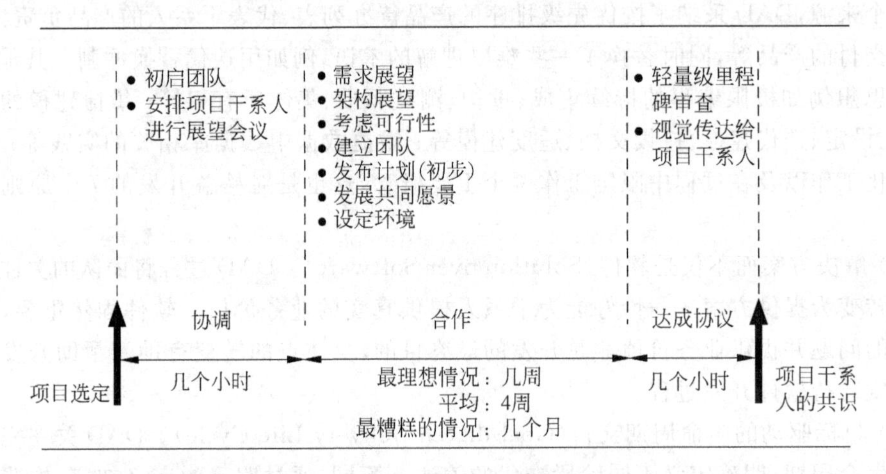

图 A-5　DAD初启迭代概览

(7) 风险和价值驱动(Risk and Value Driven)。DAD过程框架定义了轻量级的风险驱动策略,从项目伊始定位相关风险,例如干系人对项目愿景的认识,系统架构等。DAD通过吸取和扩展敏捷开发方法的最佳实践以减少风险影响：①潜在可交付的软件,减少交付风险；②构造阶段迭代结束时的演示,一方面获取干系人反馈,减少功能性风险,另一方面证明团队工作进展,减少政治风险；③干系人主动参与,同样可以减少交付和功能性风险。DAD通过在交付生命周期显性的定义了轻量级里程碑,并明确在这些里程碑的考察点,以进一步消除相应的风险。

(8) 企业意识(Enterprise Aware)。DAD过程框架力图营造企业和组织内部的生态环境,同时强调敏捷开发团队需要与企业内部其他部门与团队以及现存系统合作,并非工作在真空中。企业意识对团队而言至关重要,因为团队要做的是如何更好地为企业创造价值,而不是只做自己感兴趣的,例如选择尝试新的技术,并非由于这些技术最适合项目,而是因为

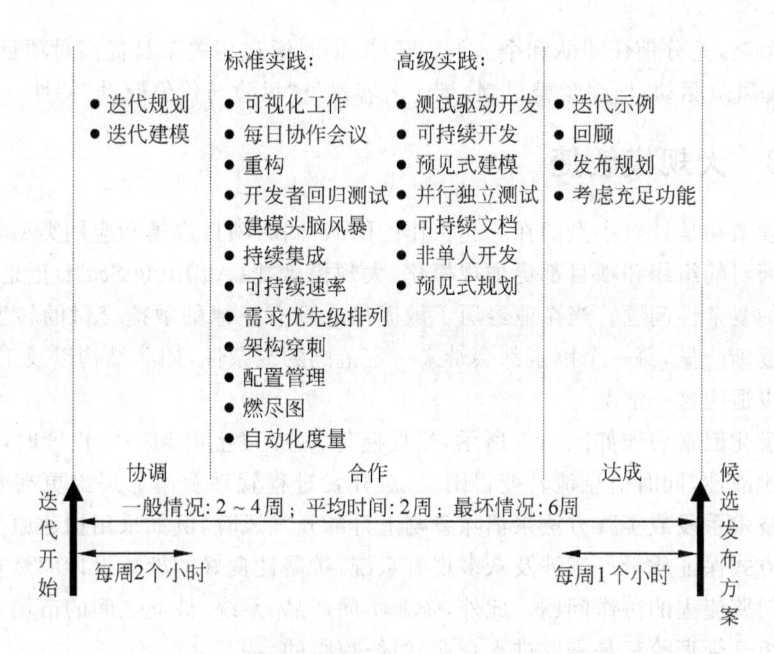

图 A-6 DAD 构建迭代概览

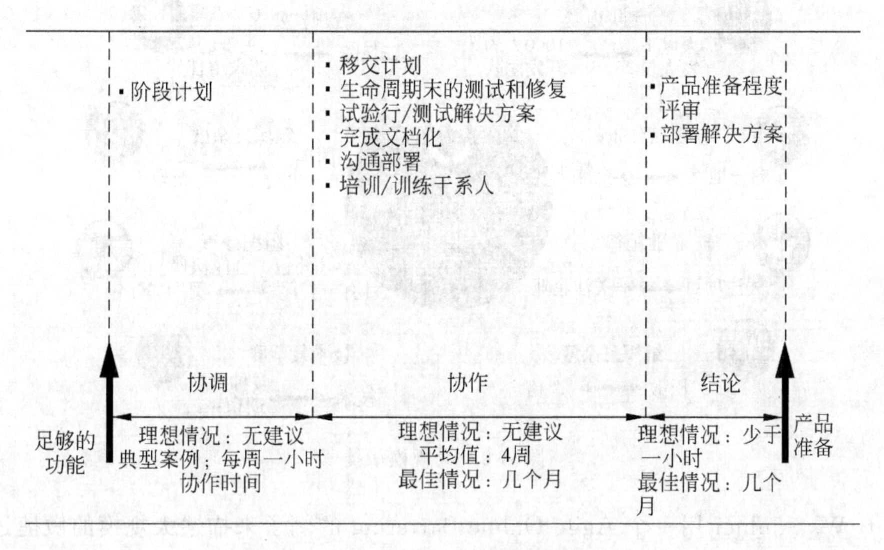

图 A-7 DAD 交付迭代概览

这有助于丰富自己的简历；或是选择重头做起，用全新的工具，全新的数据源，无视组织内可利用的现有系统和 IT 基础设施。DAD 通过提倡诸如以下几点帮助提升企业意识：①企业资产共享，有助于企业内部对资产的认知和使用；②加强组织生态环境，增进企业内部团队间的了解和协作；③开发式、诚实的监管，建立企业内部基于“信任，但确认并加以指导”

的企业监管策略，充分信任团队和个人的责任感，同时通过相关工具提高对项目和进度的信息透明度；④风险驱动，加强预警机制，具体内容参见“风险与价值驱动”特性。

A.2.3 大规模敏捷

敏捷开发最初是针对小型的在一起工作的团队，同时项目规模和应用类型相对直接，而现今敏捷所面对的组织和项目都更加规模化，大规模敏捷(Agility@Scale)正是解决敏捷规模化时面临的复杂性问题。当企业经历了敏捷核心到有纪律的敏捷交付的转型之后，规模化的因素将逐渐凸显，每一个因素都会带来一定范围的复杂性，团队结构以及工具环境都需要加以调整以适应这一情况。

团队规模化因素表现如图 A-8 所示，当规模化、复杂度上升到一定程度时，协作效率突然变得极富挑战性，同时信息流转变得困难，对开发过程管理及沟通提出更高要求，同时需要通过一定技术手段或实践方法来消除急剧上升的开发风险，例如采用构建原型、系统建模以及仿真等方式保证质量。当涉及众多现有系统，扩展性良好的架构设计固然重要，同时需要考虑跨部门跨流程的协作问题。此外，企业不同产品、系统，彼此之间的市场定位、战略规划以及产品组合管理等都是需要进入企业/组织视野的。

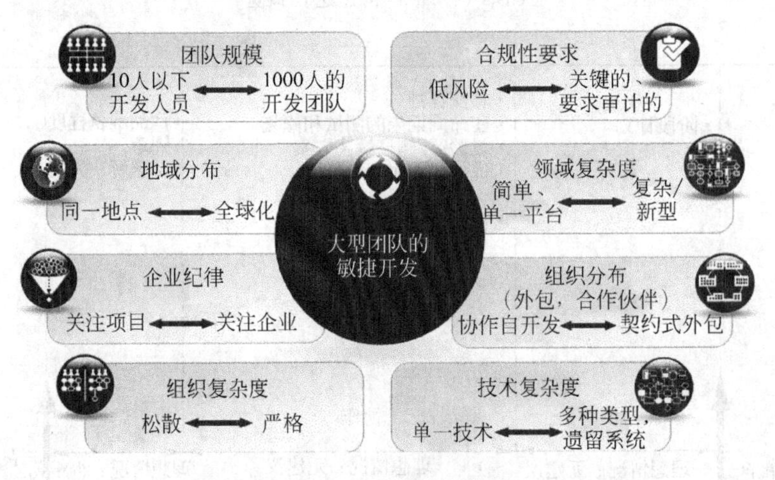

图 A-8 大规模敏捷

Scott W. Ambler 用一个 Agile Online Bartering 的例子来描述大规模的敏捷过程[①]在此案例中 Scott 描述了分布式的团队在处理一个复杂系统项目时的实践，包括团队分布、团队分工、分布式团队之间的沟通与协作、包括其频度，每一个迭代所关注的事情，迭代结束所进行的演示的目的及取得的结果，对合规性要求的考虑、持续集成的方式，以及部分采用的

① 参见 IBM agility@scale：Become as Agile as You Can Be。

工具。这样一个案例,可以作为组织在面临类似项目时的一个参考。

Scott 同时对企业进行大规模敏捷实践提出了相应的建议:

(1) 提高才是目的。敏捷做得再好也不会有人给你颁发金牌,除非是因为高效地提交了项目/产品,敏捷技术能在这一点上帮助你,但不要忘了传统社区、传统方法论同样有很多非常好的行之有效的方法,不要由于它们不属于敏捷的范畴就加以排斥。

(2) 要有计划。要帮助过程改进成功实施,必须首先决定目标是什么,当前状态以及面临哪些挑战。

(3) 获取经验。用一个或数个中等风险的敏捷试点项目以获取组织层面的经验,并培养相关专家,同时做好思想准备,试点项目不可能尽善尽美,遇到一些问题是正常的。

(4) 显性的管理过程改进的付出。定期的总结和识别潜在的改进,并付诸行动,是广为证实的经验,明确的记录改进进展更容易帮助团队取得成功。

(5) 对员工进行投资。企业/组织需要训练、培养、指导员工敏捷的理念,过程,时间以及工具。先在试点项目试点团队进行适度培训,再由此向整个组织层面推广,不要忘记包括高级领导、项目管理者以及任何相关干系人。[①]

① 注:本章部分内容引自于 Mike Cohn 的《Scrum 敏捷软件开发》

附录B

敏捷开发术语表

本术语表的目的是在敏捷开发知识体系中统一各种术语的使用和理解。

敏捷开发：根据敏捷软件开发宣言和敏捷宣言原则的指导来开发产物，最常见的产物是软件和软硬件集成的产物。见表B-1所示。

表B-1 敏捷开发术语表

术语名称	对应英文	说明
每日构建	Daily Build	每日自动进行编译，然后运行自动化测试对构建进行验证，并给出报告
重构	Refactor	指保持某个对象的外在行为不变，优化其内部结构，代码重构是重构的一种
代码重构	Code Refactor	保持程序代码的外在行为不变，优化代码 在面向对象编程中，典型的是保持类的对外行为不变，优化类的内部结构
测试驱动开发	Test Driven Development	利用测试方法来驱动软件程序的设计和实现其方法主要特征是先写测试程序，然后再编码使其通过测试。常见的测试驱动开发可以分为单元测试驱动开发和验收测试驱动开发
单元测试驱动开发	Unit Test Driven Development	利用单元测试方法，典型采用xUnit类工具，来驱动程序的设计和实现，其方法主要特征是先写单元测试程序，然后再编码使其通过测试
验收测试驱动开发	Acceptance Test Driven Development	利用验收测试方法，典型采用自动化界面或接口测试方法，来驱动软件程序的设计和实现，其方法主要特征是先写自动化界面或接口测试，然后再编码使其通过测试

续表

术语名称	对应英文	说明
持续集成	Continuous Integration	指当代码提交后,马上启动自动编译、自动化测试来快速验证软件,从而尽早地发现错误和代码冲突
时间盒	Time Box	在限定的时间长度内开展活动,以时间为结束标志
迭代	Iteration	重复反馈过程的活动,其目的通常是为了逼近所需的目标或结果。每一次对过程的重复被称为一次"迭代",而每一次迭代得到的结果会被用来作为下一次迭代的初始值
敏捷迭代	Agile Iteration	指每次按照相同的开发方式短期开发软件的部分,或前期开发并不详尽的软件,每次开发结束获得可以运行的软件,以供各方干系人观测,获得反馈,根据反馈适应性进行后续开发,经过反复多次开发,逐步增加软件部分,逐步补充完善软件,最终开发得到最后的软件。敏捷迭代包括了迭代和增量
特性驱动开发	Feature Driven Development	简称FDD,最初由Peter Coad及其同事作为面向对象软件工程使用过程模型而构思的,然后在其上扩展并增强了Coad的工作,描述了一个可用于中、大型软件项目的适应性敏捷过程。主要包括开发全局模型、构造特征列表、特征计划、特征设计、特征构建5个协作
回顾会议	Retrospective Meeting	这是在Scrum中所要求的会议,也可以在非Scrum的环境下运用。回顾会议旨在对前期中的人、关系、过程和工具等各方面进行检验。检验应当确定并重点发展那些进展顺利的,和那些如果采用不同方法可以取得更好效果的条目。在回顾会议的最后,团队应该选择将要在下个迭代中采取的改进
燃尽图	Burn Down Chart	用图形化的方式来表述随着时间的推移,对需要完成的工作的一种可视化表示。燃尽图有一个Y轴表示待完成的工作,常见的是待完成的故事点数、待完成的工时、待完成的用户故事数量,X轴表示时间,刻度是工作日。理想情况下,该图表是一个向下的曲线,随着剩余工作的完成,"燃尽"至零
计划会议	Planning Meeting	这是在Scrum中所要求的会议。计划会议旨在对马上进行的迭代进行估算,澄清并选择待开发项并识别后续行动
用户故事	User Story	从用户的角度出发去描述一个待开发产品的各种外在行为。所有用户故事的集合体现了产品对用户的价值(或商业价值)

续表

术语名称	对应英文	说　　明
速度	Velocity	表示开发的快慢，常见有两种算法：①迭代完成的故事点数；②每天完成的故事点数
敏捷思维	Agile Thinking	与敏捷精神、敏捷理念、敏捷价值观等词汇接近，目前没有客观严格的定义，一般理解为源自于敏捷宣言的理念，包括了注重团队协作、尊重个体、拥抱变化、快速响应、注重沟通、注重价值交付、增量交付可用软件等
敏捷开发方法框架	Agile Development Method Framework	是指一种系统阐述了软件开发核心领域并给出面向全局框架的方法论，由多个敏捷开发实践根据此框架有机组合而成。比如 Scrum、XP、FDD、DSDM
敏捷开发实践	Agile Development Practice	是指一种解决特定的、局部问题的开发方法。比如单元测试驱动开发、燃尽图、用户故事等
敏捷开发管理实践	Agile Development Management Practice	指敏捷开发实践中处理人员交互、信息交流的实践，比如计划会议、回顾会议、燃尽图
敏捷开发工程实践	Agile Development Engineering Practice	与敏捷开发技术实践是同义词，指敏捷开发实践中与代码实现、测试、设计、需求分析等密切相关的实践，比如重构，测试驱动开发，演进设计，持续集成，自动化测试等
自组织	Self-Organizing	在自然科学领域，自组织(Self-Organization)是指混沌系统在随机识别时形成耗散结构的过程。在软件工程领域，从字面意思上可以理解为向着自组织(英文是 Self-Organized)前进，其基本特征是每个个体都有自主性，又能整合出整体的特征
增量	Incremental	是指在以前的迭代基础上增加的可用功能
持续交付	Continuous Delivery	指当代码提交后，能够快速并自动启动编译、打包、安装到运行环境中，中间过程可以安排各类自动测试，从而保证交付质量
每日站立会议	Daily Standup Meeting	在 Scrum 方法中，每个冲刺的当天，都会举行的一种项目状况会议。会议准时开始，时长不超过 15 分钟，所有成员都需要站立。每位成员回答 3 个问题。①今天你做了什么？②明天你计划做什么？③有什么问题阻碍了你
产品待办列表	Product Backlog	是指产品需求的列表(Backlog 的条目可以是用户故事)。产品负责人根据商业价值对列表的条目进行排序，团队按照顺序进行开发
史诗故事	Epic	通俗来说就是大型用户故事。一般由许多较大的、不确定的需求组成，本身具有更低的优先级。因此，不能直接通过它进行迭代规划，而是要先把它划分成较小的、真正的用户故事

附录 C

SPI China 服务介绍

C.1 协会简介

中国软件行业协会系统与软件过程改进分会，英文名称 China System And Software Process Improvement Association（缩写 SPI China）。是在国务院关于鼓励软件和集成电路产业发展的十八号文件指引下，应我国软件与信息产业发展需要，于 2007 年由国家工业和信息化部和民政部共同批准组建的一家专业性协会组织，主要任务是在信息系统及软件领域开展基于过程改进理念的技术创新、标准创制、面向产业提供技术服务等。服务对象包括软件和信息系统服务提供商、用户、第三方机构等，目前有企业会员 2000 多家。

本会开创性地提出了“质量-品牌-竞争力轴线”的行业发展理念，以专业技术联盟为抓手，发挥协会平台性作用，凝聚产业甲乙丙方，推动我国企业“质量竞争力”跨越式提升。本会重大创新成果“基于基准数据的软件项目成本评估技术”等已经应用到国家级行业标准中，并在神华信息、海关总署、中国银行软件中心、央行等机构得到成功应用。

本会以“做国际化的专业协会”为愿景，把“以过程改进之能，助企业发展之力”作为崇高使命，本着“全心全意为会员服务”的宗旨，为中国软件与信息产业提供具有独特价值的服务。

C.2 协会领导层

华平澜先生　会长兼秘书长、原北京市政府信息办主任

何新贵教授　顾问委员会主任、中国工程院院士、中国神舟载人航天工程软件组组长

郑人杰教授　学术委员会主席、我国著名软件工程专家、清华大学教授

王　钧　执行秘书长、本会创始人

C.3 主要资质

工信部软件产品与系统成本度量行业标准工作组秘书处

北京软件行业协会过程改进分会秘书处

中国软件质量竞争力规划(2012—2020)(Q计划)执行办公室

国际SEMAT(软件工程方法与理论项目)中国委员会副主席单位

中国敏捷软件开发联盟

中国IT产品经理联盟

中国IT项目经理联盟

中国软件测试经理联盟

C.4 协会历程

2012年　编制“中国软件质量计划(2012—2020)”,发起筹备“中国软件测试经理联盟”

2011年　成立“中国系统与软件度量用户组(SSM User Group)”

2011年　提出“成本优先过程改进”、“基于基准数据的软件成本评估技术”

2010年　“中国敏捷软件开发联盟(CAA)”成立

2010年　经工信部批准筹备软件成本度量标准工作组,研制《软件研发成本度量规范》标准

2010年　提出云时代软件工程、云时代软件交付等理念,发表《云时代软件工程挑战与对策》

2009年　发布协会标准——《中国软件行业软件工程定额标准(试行)》

2008年　提出“全球交付保障理念”、发起研究“现代服务工程”

2007年　发起成立“中日韩软件过程度量联盟”

2007年　“中国软件行业协会系统与软件过程改进分会”成立

2006年　建成国内第一个软件过程基准平台、发布《软件度量元规范》、《基准比对规范》、《度量大纲》等标准

2005年　提出“基准驱动过程改进”理念

2003年　完成国内第一本多模型融合研究成果《集成化软件工程知识体系》出版第一本中国企业过程改进专家原创专著《软件过程改进实践》

2003年　国内第一个过程改进行业组织“北京软件行业协会过程改进分会”成立

2002年 国内最早翻译出版敏捷软件开发图书《极限编程系列》

2002年 在清华大学召开国内首次软件度量国际研讨会

2002年 组织国内最早的软件过程改进学习型社区组织

欢迎加入协会，成为企业会员，欢迎加入联盟成为个人会员。

秘书处联系方式

联系电话：010-62967783-8821 Email：spichina@spichina.org.cn

官方微博：http://e.weibo.com/spichina 官方网站：www.spichina.org.cn

附录D 中国敏捷软件开发联盟

中国敏捷软件开发联盟由中国软件行业协会系统与软件过程改进分会与全球软件设计与定制开发领袖企业 ThoughtWorks 共同发起成立，致力于提供一个平等的平台，联盟会员共同努力提高敏捷在国内的应用水平，通过与中国实际相结合促进敏捷本身的发展，推动敏捷及其最佳实践相关信息的讨论、交流和分享；鼓励对敏捷已有和可能的应用进行科学研究；推动敏捷的教育；与国际敏捷开发业界进行对接和双向交流等。

敏捷联盟服务总揽图

一、组织提升

——洞悉行业趋势

　　+《敏捷发展年度白皮书》

——对比提升

　　+行业基准比对：AgileChina 走进企业系列

　　+《AgileChina 年度最佳实践》

　　+AgileChina 年度行业评选

二、个人成长

——专业学习分享
+AgileChina 技术沙龙系列
+AgileChina 走进企业系列
+AgileChina Conference 行业年会

三、社会责任

——履行社会责任
+走进大学:敏捷教材编制系列
+著作翻译:《敏捷知识体系》(ADBOK)
+行业级研究:Q 计划、ADBOK、下一代软件过程
——拥有良好行业环境
+《行业自律公约》
+《行业投诉平台》

◆ **AgileChina 沙龙系列**

联盟每年发起几十场敏捷沙龙,覆盖北京、上海、杭州、深圳、天津等城市,分享嘉宾来自:中兴、腾讯、淘宝、百度等知名 IT 企业,主题涉及:精益、看板、持续交付、组织转型等。

◆ **AgileChina 走进企业系列**

走进企业,观摩研发!联盟每年组织会员企业走进典范企业研发场所,开展参观、经验介绍、面对面深度交流,实地感受文化、体验方法、澄清疑问。已观摩企业包括中移动、淘宝、腾讯、新浪、英孚等,约有两百余位会员企业代表参与。

每年联盟举办两次"敏捷高层交流会",旨在推动企业研发高层了解和关注敏捷。

◆ **《AgileChina 年度最佳实践》**

采集来自软件企业的年度最佳实践,经过提炼,使之能被其他企业广泛分享。

◆ **敏捷进入大学**

敏捷作为一种先进的开发理念，已经被广泛推崇和认可，联盟与南京大学和北航合作，开设敏捷课程及敏捷实践教学，使高校学生早日了解到敏捷基本理念，学习敏捷基本知识。

◆ **《敏捷知识体系》(ADBOK)**

敏捷开发知识体系由来自 IBM、用友、东软、中国移动等企业的专家共同编写，该知识体系可以帮助更多的从业者更快掌握敏捷开发知识，完成敏捷开发的学习和思考过程；帮助企业能够更好地实施敏捷转型，并从敏捷转型中不断获取价值。该知识体系将于 2013 年上半年正式出版。

◆ **《敏捷发展年度白皮书》**

了解敏捷在中国应用整体状况、获取敏捷领域统计数据、把握国际敏捷社区最新动态、展望国内外应用趋势、寻找全面、权威、适用敏捷情报，尽在《敏捷发展年度白皮书》。

◆ **中国敏捷软件开发年会(Agile China Conference)**

敏捷中国大会是敏捷领域唯一的行业级会议，瞄准中国软件产业发展的最前沿，以高质量软件交付为目标，以应用为导向，引进国际最新敏捷技术，分享国内优秀企业最佳实践。本会听众也很广泛，包括技术决策者、研发部门主管、项目经理，直至工程师。该大会自 2006 年创建，会议演讲嘉宾包括 Martin Fowler、Kent Beck、Dave Thomas、James Grenning、Mary Poppendieck、Linda Rising、Neal Ford 等多位国际级大师，对敏捷在中国软件行业普遍落地生根起到关键性推动作用。

欢迎加入协会，成为企业会员，欢迎加入联盟成为个人会员。
联盟秘书处联系方式
电话：010-62975910/2850-8816　Email：agilechina@spichina.org.cn
官微：http://weibo.com/agilechina　官网：http://agilealliance.org.cn(建设中)
QQ 交流群：246162352

参考文献

中文参考文献

1. Roger S. Pressman 著，郑人杰，马素霞，白晓颖译. 软件工程-实践者的研究方法. 北京：机械工业出版社，2007(本书自 1982 年发行第 1 版以来，一直受到软件工程界的高度重视，成为高等院校计算机相关专业软件工程课的重要教学参考书。20 多年来，它的各个后继版本一直都是软件专业人士熟悉的读物，在国际软件工程界享有无可质疑的权威地位。它在全面而系统、概括而清晰地介绍软件工程的有关概念、原则、方法和工具方面获得了广大读者的好评。此外，本书在给出传统的、对学科发展具有深刻影响的方法时，又适当地介绍了当前正在发展的、具有生命力的新技术。)
2. 科恩著，廖靖斌，阳陆育，等译。Scrum 敏捷软件开发. 北京：清华大学出版社，2010(《Scrum 敏捷软件开发》是敏捷联盟及 Scrum 联盟创始人之一 Mike Cohn 的三大经典著作中影响最为深厚的扛鼎之作，也是全球敏捷社区中获得广泛肯定的企业敏捷转型权威参考。作者花四年时间，把自己近十五年的敏捷实践经验，特别是近四年中针对各种敏捷转型企业的咨询和指导工作，并结合旁征博引的方式，从更高的思想层次对敏捷与 Scrum 多年来的经验和教训进行深入而全面的梳理和总结，最终集大成者便是这本令人醍醐灌顶的佳作。这本书是软件企业及其管理团队成功进行敏捷转型战略及实施的必备参考书。)
3. 宁德军，孙昕，朱育雄著. 奏响软件交付的爵士乐. 北京：清华大学出版社，2009 (本书针对软件工程的历史和现状，详尽地分析了软件交付所面临的问题与挑战，总结了由此催生的软件工程若干发展趋势，并且第一次提出了软件交付 2.0 的理念，概括出软件交付 2.0 的主要特征和能力，也引出了软件交付 2.0 时代最为杰出的代表——IBM Jazz 平台。它第一次从实践角度对业界最著名的敏捷开发方法论 Scrum 进行了深刻剖析，通过 Jazz 平台架构上的 Rational Team Concert 工具，让读者真实地在敏捷世界中体验驾驭项目的乐趣。)
4. 贝克，安德瑞斯著，雷剑文，李应樵，陈振冲，等译. 解析极限编程——拥抱变化(原书第 2 版). 北京：机械工业出版社，2011.
5. 克里伯格著，李剑译，郑柯审. 硝烟中的 Scrum 和 XP——我们如何实施 Scrum. 北京：清华大学出版社，2011.
6. 科克伯恩著，马振晗，罗海花，等译. CrystalClear——小团队的敏捷开发方法. 北京：清华大学出版社，2006.
7. Lasse Koskela 著，李贝译. 测试驱动开发的艺术. 北京：人民邮电出版社，2010.
8. Hibbs, C. , Jewett, J. , Sullivan, M. 著，章显洲译. 精益软件开发艺术. 北京：电子工业出版社，2009.
9. 帕彭迪克，等著，王海鹏，等译. 精益软件开发管理之道. 北京：机械工业出版社，2011.
10. Stephen R. Palmer, John M. Felsing 著. 特征驱动开发方法原理与实践. 北京：机械工业出版社，2003.
11. 贝克著，孙平平，等译，测试驱动开发. 北京：中国电力出版社，2004.
12. Robert C. Martin 著，邓辉译，孟岩审. 敏捷软件开发——原则、模式与实践. 北京：清华大学出版社，2003.
13. 科恩著，石永超，等译. 用户故事与敏捷方法. 北京：清华大学出版社，2010.

14. 福勒著，熊节译. 重构：改善既有代码的设计. 北京：人民邮电出版社，2010.
15. Scrum 基础知识，Scrum 中文网，http://www.scrumcn.com/scrumbase/class/.
16. 杜瓦尔，迈耶斯，格洛弗著，王海鹏，贾立群，等译. 持续集成-软件质量改进和风险降低之道. 北京：机械工业出版社，2008.
17. 维基百科，http://zh.wikipedia.org/wiki/敏捷软件开发，2012.

英文参考文献

1. Manifesto for Agile Software Development, http://www.agilemanifesto.org/
2. Principles behind the Agile Manifesto, http://www.agilemanifesto.org/principles.html
3. Scrum Guide, http://www.scrum.org
4. Scrum: the basics, http://www.scrumalliance.org/pages/what_is_scrum
5. Mike Cohn. Agile Estimating and Planning. Addison-Wesley Professional, 1 edition, 2009.
6. John P. Kotter. Leading Change. New York: Harvard Business School Press, 1996.
7. David F. Rico, Hasan H. Sayani, Jeffrey V. The Business Value of Agile Software Methods. (FRW) Sutherland, Saya Sone. J. Ross Publishing, 2009.
8. State of Agile Development Survey Results 2011, VersionOne Inc, 2011, www.versionone.com
9. OpenUP, http://epf.eclipse.org/wikis/openup/
10. Scott W. Ambler. Disciplined Agile Delivery: A Practitioner's Guide to Agile Software Delivery in the Enterprise. IBM Press, 1 edition, 2012.
11. Ken Schwaber. Agile Project Management with Scrum. Microsoft Press, 1 edition. 2004.
12. Linda Rising. Fearless Change: Patterns for Introducing New Ideas. Addison-Wesley, 1 edition, 2004.
13. Disciplined Agile Delivery, IBM Rational Method Composer 7.5.1, 2012.
14. All IBM Practices, IBM Rational Method Composer 7.5.1, 2012.